我的家 好好住

主妇之友社 / 著　　宋天涛 / 译

江苏凤凰科学技术出版社
· 南京 ·

江苏省版权局著作权合同登记 图字：10-2017-043号

图书在版编目（CIP）数据

我的家好好住 / 主妇之友社著；宋天涛译. — 南京：江苏凤凰科学技术出版社, 2021.1
ISBN 978-7-5713-1482-8

Ⅰ.①我… Ⅱ.①主… ②宋… Ⅲ.①住宅－室内装饰设计 Ⅳ.①TU241

中国版本图书馆CIP数据核字(2020)第199843号

我的家好好住

著　　者　主妇之友社
译　　者　宋天涛
责任编辑　陈　艺
责任监制　方　晨

出版发行　江苏凤凰科学技术出版社
出版社地址　南京市湖南路1号A楼，邮编：210009
出版社网址　http://www.pspress.cn
印　　刷　北京博海升彩色印刷有限公司

开　　本　718 mm × 1 000 mm　1/16
印　　张　11
字　　数　190 000
版　　次　2021年1月第1版
印　　次　2021年1月第1次印刷

标准书号　ISBN 978-7-5713-1482-8
定　　价　36.00元

目 录 Cnotents

Part 1
建造好住的家，要了解这些设计准则

Part 2
建造便捷家居的技巧

便于朋友相聚的家

增进家人交流的家

让孩子“畅所欲玩”的家

在厨房里快乐烹饪

打造能高效整理家务的家

不凌乱、易打扫的家

舒适、放松身心的浴室

好用的盥洗室、卫生间

能睡得香甜的卧室

儿童房的布局要能灵活改变

用途多样的多功能间

具有亲和力的玄关

能专注做事的工作区

令生活更加丰富的附加单间

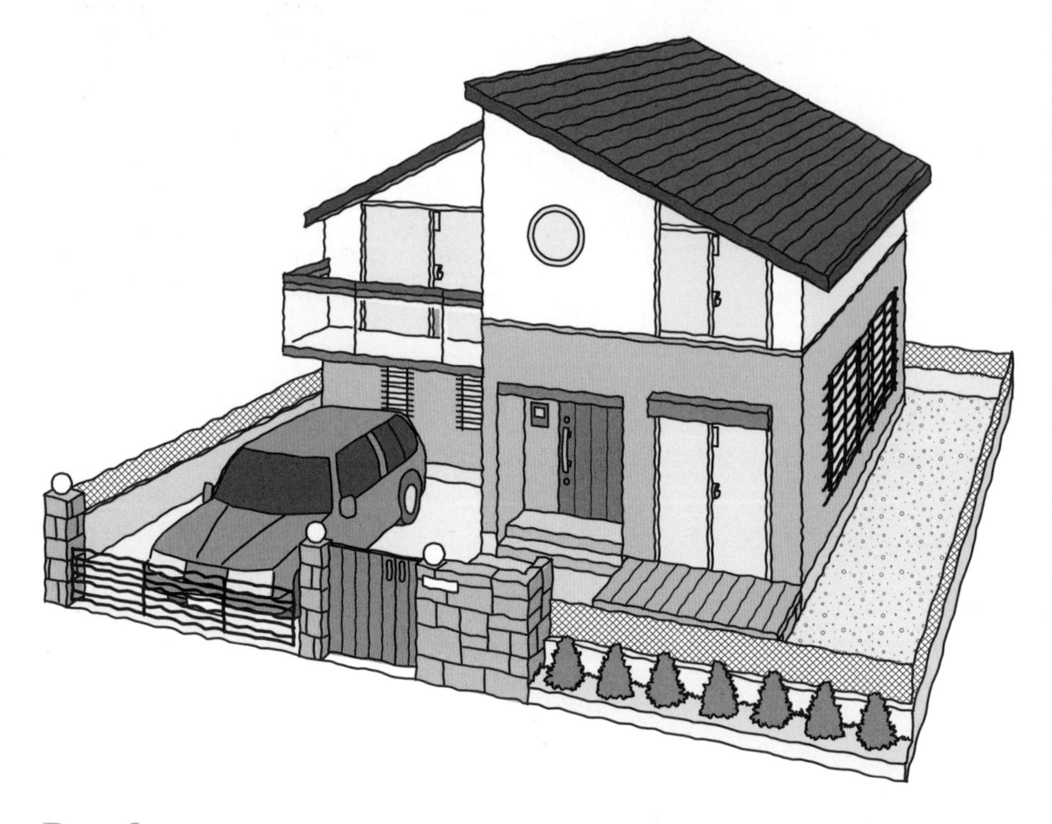

Part 3
好住宅必备的功能和设备

PART 1

建造好住的家，要了解这些设计准则

★ 充足的采光 ★

进入刚竣工的住宅后，房主不禁感叹：“这个房子让人感觉很舒适。”而这其中大部分原因就在于室内光线充足，让人感觉明亮。阳光透过各处的窗户在空中交汇，置身于柔和的光线中，心情也会变得舒畅，无论是谁都会觉得舒适。

如何让自然光进入建筑内部，这是设计师设计住宅时优先考虑的问题。不仅要从用地面积、地理位置、周边环境等角度思考最佳采光方式，更重要的是考虑如何把住户待得时间最长的空间设计成最明亮的地方。

有两种方法可以让家居空间更明亮。首先在东向、南向上要有大开口，如果可以采用挑空设计，让窗户高至二楼，就可以采到双倍的光。其次要尽可能减少隔断墙的数量，灵活使用推拉门及透明材料，把阳光引入房间深处。

如果地处住宅密集区，一楼采光条件差，就需要花费更多的心思了。首先可以考虑把起居室、餐厅、厨房设置在二楼，层数越高光线越好，而且不必在意邻居家的视线，可以建造大开口，增加采光。如果地皮狭长，两侧又紧挨着邻居家，那就要开动脑筋，尽最大努力采光了，如建造中庭，让阳光透过中庭进入；开设天窗，等等。

人们很容易误认为每个房间都有大窗户就是舒适的住宅，实际上并非如此。从小窗户、狭缝中透进来的阳光，也能舒缓心情。所以，要在考虑外观设计的基础上，根据功能、目的选择不同类型的窗户，如大窗、小窗、细长窗等。另外，西向和北向的窗户也能在适当的季节和时间带来温和的光线，营造出宁静的家居环境。最重要的是不被固有观念所束缚，灵活设计窗户的位置、大小等，这样便能享受充足的阳光。

充足的阳光从南向的大窗洒入室内

把起居室、餐厅、厨房设置在二楼。南侧采用挑空设计，同时增大窗户尺寸，确保充足的光照和开阔感。上半部分安装固定窗，下半部分采用落地窗，可自由进出连廊。

通过竖向百叶窗调节光量、光线强弱。新式的白色楼梯让上下楼变得有趣，同时也是空间装饰的亮点。

利用高侧窗采光照亮整栋房屋

该栋房屋三面都被建筑物包围，所以把起居室南侧的一半设计成了挑空空间，窗户高达天花板，大量阳光倾泻而入，照亮了二楼的卧室和一楼的起居室、餐厅、厨房，使整栋房屋都十分明亮。

阳光透过高侧窗照亮整栋房屋

挑空空间不仅增强了开阔感，还能通过不同类型的窗户带来舒适的光照，可谓最佳方法。地板到天花板的挑空空间有两层高，如果在普通窗户上再开设高侧窗，就能使每一层都沐浴到阳光，得到腰窗、普通窗无法得到的充足光照。阳光透过高侧窗照射在墙面上，也柔和了硬朗的空间。

高侧窗的设计多种多样。如果一整面都是玻璃窗且高达天花板，就营造出了一面阳光墙。而且透过窗户可以看到一望无际的天空，刚好与室内的开阔感相呼应。

天窗使起居室明亮、惬意

天花板采用了双坡屋顶形状，打造出了悠然开阔的起居室。大量阳光透过天窗和侧窗洒入室内，照亮了整个房间。为避免盛夏日光直射，给侧窗加了窗帘。

北侧的餐厅、厨房利用天窗采光

把餐厅和厨房设置在二楼北侧。为了采光，在厨房的正上方设置了天窗，明亮的自然光犹如聚光灯，使餐厅成为一处能让家人畅快聊天的舒适空间。

从天窗洒入的阳光照亮了卫生间

为了保护隐私，卫生间没有采用大窗，但大量阳光从天窗洒入了室内，让人感觉明亮且整洁。

天窗的采光量是壁窗的三倍

天窗，是指建造在屋顶上的窗户。因地处住宅密集区或者住宅狭小等原因难以建造壁窗时，可以开设天窗，不仅不用在意外来视线，还能有效采光。与壁窗相比，天窗能为房间带来更多的光亮。

除了采光，天窗还能让人在房间内欣赏到太阳、云月的变化，仿佛置身于天空中。而且根据用法不同，天窗还能创造出有趣的采光方式，这也是其魅力所在。

不过，如果把天窗设置在日光容易直射的方位，需要注意应对过强的光和热。可以使用隔热玻璃或者安装百叶窗、窗帘，等等。

高至天花板的窗户可使阳光照入房间深处

白天的阳光是从上方照入室内的，所以窗户尽量设置在高处，甚至高至天花板，就可以获得更多的阳光。即使因地理位置等原因有些房间采光差，提高窗户的高度也能获得比想象中更多的光照。让阳光照入房间深处，就能打造出明亮的起居室。

安装落地窗时，如果找不到从地板到天花板高度的成品，可以定做或者变通安装方式。如果成品高度不足，可以提升地板的高度，使窗户上方尽量紧挨天花板，如在室内一侧打造长椅或收纳空间，这样还增加了可利用的空间。

为了增加采光，根据天花板形状定做了窗户，主体为固定式，一部分采用了可开闭式窗户便于通风。

南侧整面是窗户，便于沐浴阳光、欣赏美景

地板到天花板之间是一整面玻璃窗。春天到来时，烂漫的樱花盛开，可以和家人一起欣赏美景。

朝着连廊的窗户要高至天花板

起居室和餐厅呈“L”形，围绕连廊，两扇窗户都高达天花板，大量的阳光透过玻璃照入室内。从起居室一侧的窗户射入的阳光，甚至能照亮隔断墙内的工作区。

一进入玄关就能看见中庭里的绿景。即使玄关不宽敞，有中庭也能获得良好的采光，开阔感十足。

中庭中央种植着连香树。木制外墙和重蚁木木板相得益彰，营造出了超棒的治愈空间。

巧妙利用中庭，将阳光引入各楼层

该栋房屋位于住宅密集区，面积比较狭小，四周被住宅包围，采光和通风都不好，所以在建筑物中央建造中庭，并环绕着庭院布局房间。活用骨架楼梯的优点，将阳光引入各楼层。

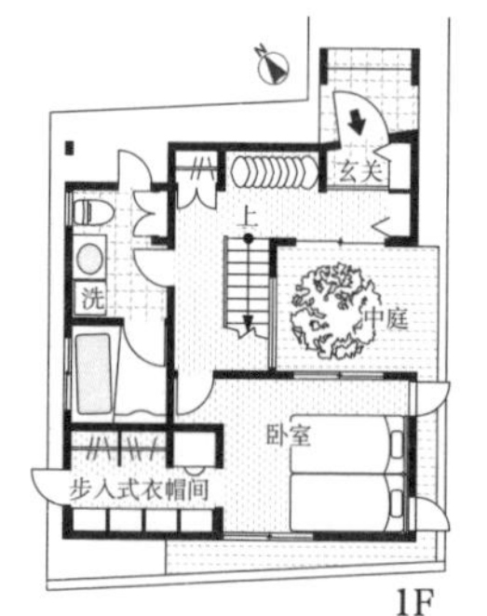

1F

2F

“コ”形中庭设计，让整栋房屋采光良好

只要在建筑物中央建造中庭或天井，即使地皮狭长或地处住宅密集区，也能享受到充足的阳光。

地皮两侧都紧挨着邻居，难以利用壁窗采光，就可以建造一个中庭，并在每一层都面朝中庭建造窗户，这样不仅能给每个房间采光，还可以改善通风情况。采用玻璃窗，在能隔着中庭看清对面情况的同时，还可以获得开阔感。

如果不作为露天起居室，仅为采光，中庭就不必设计得很宽敞，有$3.5m^2$左右就足够了。空间虽小，但种上树或摆上花草，就是一处悠然的空间了。

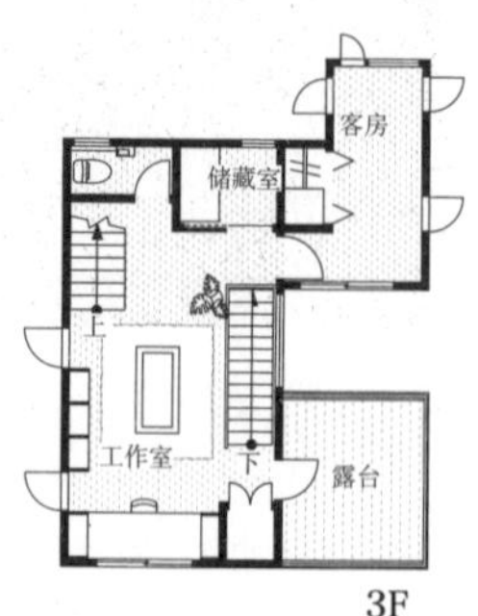

3F

在天花板附近设置小窗，享受阳光和惬意

在紧挨着邻居的东侧墙壁上设置了小的高侧窗。因墙面还留有大量剩余，所以这个空间让人感觉很平静。南面配有腰窗，不仅能确保采光，还能带来放松感。

在墙壁上下处设置横长窗，遮挡外来视线的同时也能采光

该房屋南北两侧都是街道，东西两侧又紧挨着邻居，所以在东侧墙的上下处设置细长的窗户，在保护隐私的同时又确保了采光，中间区域当作收纳空间。接近地板的低侧窗是可开闭式窗户。

紧挨着邻居的一侧利用高低侧窗采光

窗户在带来温暖阳光的同时还会带来外来视线，特别是房屋与相邻的建筑物之间没有余裕时，所以需要考虑如何避免窗户相对。

在窗户的位置上开动脑筋，才能有效采光。例如，在接近天花板的地方设置高侧窗，在接近地板的位置上安装低侧窗，都可以遮挡外来视线。高低侧窗可以只选其中之一，也可以同时将中间区域活用为收纳空间。

想要悠然、宁静的氛围，或者卧室等私人空间紧挨着邻居时，都可以利用侧窗屏蔽外来视线，打造出自在、放松的空间。

磨砂玻璃和玻璃砖，既屏蔽外来视线又能采光

窗户不一定是透明的，既需要遮挡外来视线又需要采光时，可以使用磨砂玻璃。阳光照射在磨砂玻璃上，会产生漫反射，透光却不透视，让人感到舒适惬意。

此外，磨砂玻璃还可以作室内隔断。用墙壁来分隔时，空间会变暗，但磨砂玻璃就能在保证明亮的同时防止透视。

大厦、店铺经常使用的玻璃砖也具有和磨砂玻璃相同的功能，且具有隔热性、不易碎，但其缺点是成本高，适合用于小型窗户。

透过玻璃墙照入柔和的阳光

除街道一侧，该房屋的三面和一部分屋顶都用磨砂玻璃围起来了，十分时尚。柔和的阳光透过玻璃墙面洒入室内，让人感觉就像待在阳光照耀着的连廊里。

街道一侧利用玻璃砖和狭缝窗户采光

该房屋南侧紧邻街道，为了采光选用了狭缝窗户和玻璃砖，遮挡外来视线的同时又确保了采光。用玻璃砖打造的阳光墙壁成为单调墙面的亮点所在。

阳光透过玻璃墙面洒入室内，营造出开阔、宁静的空间。

利用连廊的木制藤架弱化日光

为了欣赏街景与海景，在起居室南侧安装了全开放式窗户。给连廊加上藤架，避免盛夏强烈日光直射起居室，创造舒适的室内环境。

90cm宽的屋檐阻挡了强烈日光

该房屋的正南向有一扇大窗户，高度直达天花板，屋檐有90cm宽，可阻挡夏季的直射日光。而冬季太阳位置低，大量的阳光会从这扇大窗户倾泻入室内。

屋檐遮挡盛夏直射日光，令采光更舒适

自古以来，人们建造房屋时就会用屋檐来遮挡直射的日光、防雨、吸取自然清风。90cm以上的宽屋檐能达到更好的效果。但一些位于住宅密集区的房屋很难实现这一点，因为建造宽屋檐就要缩小建筑物，不能更有效利用地面面积。这时就不必勉强建造宽屋檐了，可以在窗户正上方安装小挑檐，或安装百叶窗、藤架、雨棚等，也能达到同样的效果。

有效利用全方位阳光

无论窗户朝向哪个方位，在采光上都有各自的优点，因为阳光在早、中、晚有着不同的特色。当然，南向的窗户全天都会有大量的阳光射入，但南向采光不理想时，就需要考虑其他朝向上采光最有效的窗户位置了。上午，阳光从东面窗户射入室内，令人神清气爽。傍晚阳光从西面窗户射入，可以欣赏到晚霞美景。有时根据角度的不同，冬季暖阳甚至能直达房间深处。北面窗户的优点是不会出现直射日光，全天都有稳定的光照，能为房间带来宁静。可以根据个人的生活方式及房间用途，灵活地在各方向上设置窗户，使房子变得更加温馨舒适。

从东侧小窗洒入的光柱就像日晷

东向的小窗位于挑空空间的天花板附近。从小窗洒入的阳光，照射在起居室的墙壁上，形成光带，反映出太阳的变化移动，形成了一种优美的旋律。

多角度采光的起居室

设置在二楼的起居室和餐厅的南、北、西三面装有高侧窗，从多方位采光。在能眺望到海景的西侧设有大窗。

既能采光又能遮挡外来视线的地窗

将小地窗设置在玄关的一角，玄关里面也会变得明亮。而且小地窗离地面近，可以近距离观赏庭院里的花草。

通过缝隙采光的狭缝窗户

狭缝窗户有效地使狭窄、难采光的玄关变得明亮，同时也拓展了收纳空间。虽然窄小，但能看到室外，消除了压迫感。

在高处角落设置小窗，确保光照

卫生间等小型紧凑空间使用小窗采光，效果尤其显著。小窗透进的阳光不仅带来了安宁，也带来了视觉上的透亮舒适。

从三个细长窗户进来的阳光成了室内亮点

三个细长窗户使洒落在室内的光影时刻变换，让人心生愉悦。细长的狭缝窗户既能保护隐私，又能让人感受到室外的气氛。

欣赏从小窗射入的美丽光景

你是否认为窗户越大越好？当然，大窗户采光、通风效果都好，能使空间更明亮，更具开阔感。但是，小窗户也有其优点。

走廊尽头、玄关、卫生间等狭窄空间，只要有一扇杂志大小的小窗就能消除闭塞感，从小窗射入的阳光会让人感到宁静和舒适。这点阳光也会成为室内装饰的亮点，这也是小窗独有的特色。照明灯具、机械装置可以保证照明和换气，但从小窗透进来的阳光、花草树木的清香等是人工装置无法替代的。在重要的地方有效配置小窗，是提高住宅舒适度的关键。

阳光穿过挑空空间的天窗照入一楼的起居室

该房屋北、东、南三面都有建筑物，为给一楼起居室采光，在房屋中央建造了挑空空间，上部设有天窗。阳光从上方洒入楼下的起居室、餐厅、厨房，使空间变得明亮、舒适。

在楼上建造透光地板，照亮楼下的玄关

在二楼起居室的露台一侧建造透光地板，照亮一楼的玄关。阳光透过格栅和树脂地板后变得柔和，使玄关更温馨。

把楼上的阳光引至楼下

房屋深处的房间、只能设置几个窗户的地下室、难以规划出窗户的玄关……这些地方都可以引用楼上的阳光。

把阳光引至楼下的方法多样，可以把楼上的一部分地板变成玻璃、树脂、格栅等透光材料，让阳光照到楼下的房间。也可以在最高层开设天窗，通过挑空空间直接把阳光引到下面。

自上方洒入的阳光和从壁窗射入的阳光不同，可以感受阳光的变化，让生活更有滋有味。自由发挥想象吧，利用特意引入的自然光打造出明亮、舒适的空间。

专栏 1

省去边框，使房间简洁大方

视觉要素对打造舒适空间十分重要，人们看到整洁的房间时更能感受到舒适，心情安宁。所以，要尽量避免过于繁杂的设计，多花些小功夫，使房间整洁大方。

比如，仅仅省去划分墙面与地面的踢脚板，划分墙面与天花板的边框或窗框等，就可以使整个室内简洁大方。尽量使材料的横切面维持原来的模样，如桌子不加边框或边框上不加装饰材料，都可以显得更大气。

极力简化内部装修，突出家具、绿植等的魅力，享受整洁的乐趣。因为随着年龄增长，对装饰风格的喜好也会发生变化，而简化的装修也更便于改装。

左/省去了窗框，而且金属边框也用墙壁覆盖住。

右/省去了踢脚板、天花板边框，通过简化背景来衬托照明和家具，打造出美丽的一角。

玄关的地板边缘没有边框，可以看见木材的切面。只省去了一个多余的装饰，就使空间变得大方、简洁，也突显出了实木地板的质感。

窗户就像是一幅风景画。

★ 良好的通风 ★

“我经常观察风，认真凝视树叶飘动、波涛涌动、鸟儿振翅，从中看到风的流动，然后再思考如何才能设计出通风良好的住宅。努力去看眼睛看不到的东西，这也是至关重要的。”建筑师佐贺和光说道。

住宅要以夏天的舒适为首。夏天，在通风良好的住宅里会非常惬意。虽然现在科技发达，机器也可以保证室内环境全年舒适，但对于长期居住在该房屋里的人来说，自然风更为重要。相信有不少人都记得，小时候的夏日午后，在有穿堂风的屋子里午休是多么舒服、惬意。

虽说如此，但住宅设计并不是胡乱地添加大窗户，让风大量涌入。兼顾入风口和出风口是十分关键的，如果无法在同一平面上设计入风口和出风口，就要多考虑截面和窗户类型了。

而且，地理位置、周边建筑物不同，风的强度、流动方式也千差万别。所以要根据位置利用风的特点，让住宅有舒适的自然风。

在设计房屋前要通过多种渠道了解所处地点的光照、风向等特点，可以仔细观察周围，也可以与邻居聊聊。可以说做到这些，就完成了设计住宅的一半。从这一点来说，了解周围环境，最大限度地活用自然条件，就是打造舒适房屋的关键所在。

让风贯穿东西连廊

在二楼起居室东侧建造宽敞的连廊，在西侧也设置连廊和落地窗。舒适的风自东向西穿过连廊、起居室、餐厅、工作区，再到对面的连廊。

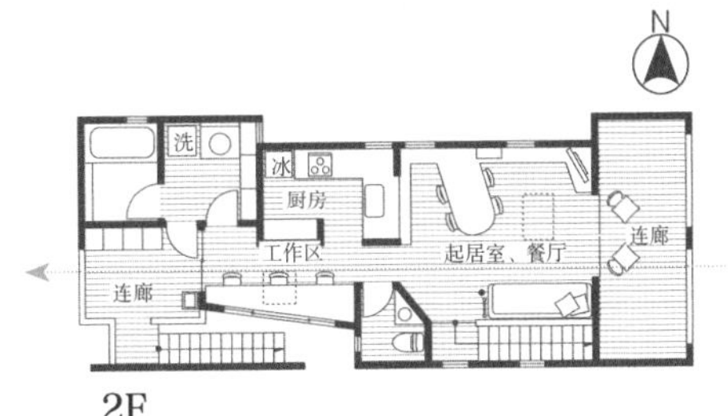

配套设计入风口和出风口

夏秋季节，清凉的自然风吹入，让人感到无比爽快。与机器换气相比，谁都喜欢亲和肌肤的自然微风。但是，风有入风口和出风口才能流动，如果只在起居室设有大窗，舒适的清风就无法进入室内。所以，配套设计入风窗和出风窗是设计窗户的基本理论之一。

想让风高效流动，可以在对角线上设置窗户。比起延长正对面窗户之间的距离，对角线窗户更能促进空气流动。无法建造大窗时，小窗也能确保通风，也可以设置百叶窗、地窗等。

利用能有效防盗的高窗换气

起居室、餐厅、厨房南侧有两处横长的高侧窗。空气自壁窗而入、从高侧窗而出，属于没有隔断墙的开间，所以屋内空气循环畅通，十分舒适。

挑空空间的高窗排出天花板附近的热气

挑空空间位于起居室，在天花板附近设有高窗，可以通风。连廊一侧有大落地窗，确保整栋房屋的通风。

在天花板附近开窗，促进空气流动

热空气会向上走，冷空气向下流动，利用这一特性把窗户设在高处，便于排出滞留在天花板附近的热气，形成空气对流，使室内环境更加舒适。

设有普通腰窗、落地窗的房间，可以在对面墙壁的天花板附近设置多个小型高窗。既可以观察天空，又便于在家中亲近大自然。

设置在高处的窗户可以通过电动开关控制，也可以选择拉绳等手动开关方式，经济实惠。

在室内门上下功夫，创造通风道

为保持室内通风，可以在墙壁、房顶上开设窗户，也可以在室内门窗上下功夫，使房间与房间之间通风。

最常见的便于调节室内换气的门窗结构就是推拉门了。卧室、书房等可以安装推拉门，平时开着通风，必要时关闭以保护隐私，灵活方便。

平开门不便于长期保持打开状态，但也能通过其他方法确保通风。例如，在门的上方安装楣窗，或在门上安装换气百叶窗等。即使房间里只有一扇窗户，也可以通过这些小设计使房间与走廊、其他房间通风。

设置双槽推拉窗改善通风

起居室、餐厅、厨房为一体式单间，楼梯间的墙壁上设有室内窗。打开上面的双槽推拉窗，使空气在上下层之间流动。而且，也能通过楼梯里的窗户通风。

在门上稍下功夫使房间通风

楣窗可以使风自然地流通，该房屋在儿童房的房门上设置了可开合的楣窗，使室内与走廊保持通风。

利用骨架楼梯创造楼层间的通风道

最有效的通风道是挑空空间里的楼梯。虽然常规的箱式楼梯也能通风，但效果最佳的还是骨架楼梯。

骨架楼梯仅由踏板和框架构成，没有了踢板，空气能在踏板与踏板之间自由流动。除了常见的直楼梯，还有旋涡状的螺旋楼梯等，不同的楼体形状会产生不同的风向。

如果想更高效地利用楼梯通风、提升舒适度，推荐在楼梯上部安装可开合的高侧窗和天窗。通过上升气流把下层的空气从窗户排出去，促进通风。

成为通风道的螺旋楼梯

把木制骨架楼梯布局在三层楼的相同位置上，风就能流畅地贯穿整栋房屋。上层的矮墙用了百叶窗板，极力减少阻挡空气流动的墙壁。

水曲柳、美洲松、扁柏、铁杉、松木等多种木材组合而成的木质螺旋楼梯，质感细腻，踩上去十分舒服。简单排列踏板，就打造出了轻盈大方的骨架楼梯。

开放式厨房要有通风用的百叶窗

吊橱后的墙壁上安有百叶窗。开放式厨房和起居室、餐厅连为一体，所以采用了能笔直通风的窗户。

利用上下小窗使厨房通风

这间厨房属于半开放式，在里面墙壁的高低两处设有小窗，能促进通风，使厨房保持舒适。

利用小窗给厨房、盥洗室等换气

厨房容易潮湿、散发异味，安装通风小窗后就会有很大的改善。另外，虽然可以利用抽油烟机、排风扇等排出烹饪产生的油烟、水汽，但谁都希望不启动机器也能保持室内环境舒适，所以通风窗就是必不可少的。在水池上方、加热器旁边等位置开设窗户，烹饪时一伸手就能打开，非常方便。但注意，不要在厨房开设阳光直射的窗户，因为强烈的阳光会加速食物腐烂，尤其要避免在食材收纳空间附近开设这类窗户。

盥洗室、更衣室等狭小空间也容易潮湿，所以也应确保通风，可以在收纳架上方或镜子旁边等地方开设窗户。而且，最好能与相邻的浴室联动通风。

在盥洗室的镜子周围安装通风窗

盥洗室有两扇窗户，一扇是镜子上方的高侧窗，一扇是镜子右边的狭缝窗户。这保证了盥洗室的通风和采光，让人愉快地度过匆忙的清晨。大镜子也使狭窄的盥洗室显得更宽敞。

★ 恣意享受开阔感 ★

如何设计建造出让人住得舒适、愉悦的住宅，是建筑设计师一直在思考的问题。

理想住宅的关键之一就是确保十足的开阔感。也就是说，无论坐在沙发上还是躺在地板上，在家里的任何地方都能感受到宽敞舒适。而具体的方法有设计开放式布局、建造挑空空间等，这是在平面、立体上创造空间感的经典方法。

面积有限的中小型房屋，可以采用一些小技巧达到视觉上的宽敞。比如，逐渐错开地面高度的跃层设计、环绕整栋房屋的洄游式设计、自由调整开合幅度的推拉门设计等。这些技巧可提高房间之间的连贯性，更能让人感觉到自由开阔。

透视也与开阔感紧密相关。分隔空间时，使用玻璃等透明材料或细长格栅，也可以增强开阔感。厨房、盥洗室等狭窄空间常采用这种方法，也可以用于楼梯间与房间或走廊与房间之间。透明材料还可以保持地板到天花板的连续性，效果更佳。另外，骨架楼梯也可以带来开阔感，因为可以透过踏板间隙看到对面。

自由开阔的房屋如何保护隐私，这也是非常重要的。在有客人到访时，玻璃隔断墙、一体式单间等就不利于保护隐私了。这时，可以加装屏风、百叶窗或推拉门，以便应对特殊情况。同样，如果起居室、餐厅开设了大窗，也容易受到外面行人、声音的影响，这时可以在道路一侧建造连廊以增大距离，或栽种植物创造缓冲地带。在确保开阔感的同时保护隐私，是设计舒适家居时极为重要的因素。

不设隔断，窄小空间也能变宽敞

起居室、餐厅、厨房三种功能一体化，建造舒适宽敞的开放性空间。坡度平缓的天花板也有扩大视觉空间的效果。东侧房间采用推拉门，敞开时面积达32.4m²。

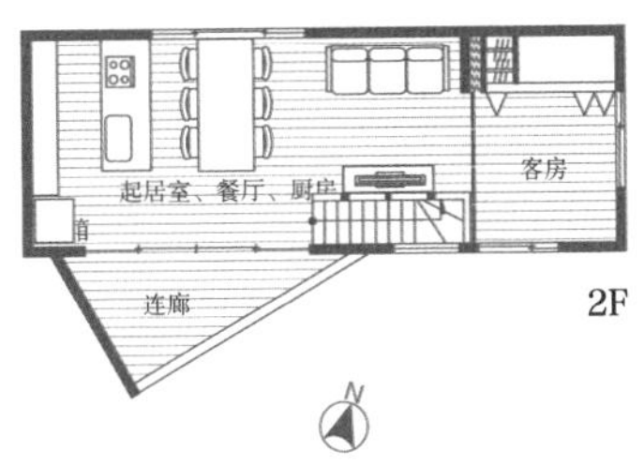

减少隔断的开放式设计

打造舒适自在的敞亮住宅，首推开放式设计。尽量减少隔断，使空间保持连续，这样小空间也能给人宽敞的视觉效果，如果能一眼望到室外，效果会更加明显。起居室、餐厅、厨房最好能设计成一体式单间，一个大空间，兼具三种功能，家人既可以在这里惬意放松，又能加深沟通。

但起居室、餐厅、厨房的一体式单间也存在弊端。烹饪时的油烟、噪音等容易影响起居室和餐厅，有客人到访时也不太方便。所以，住宅是否能设计成这种开放式空间，还需要家人之间相互协商。

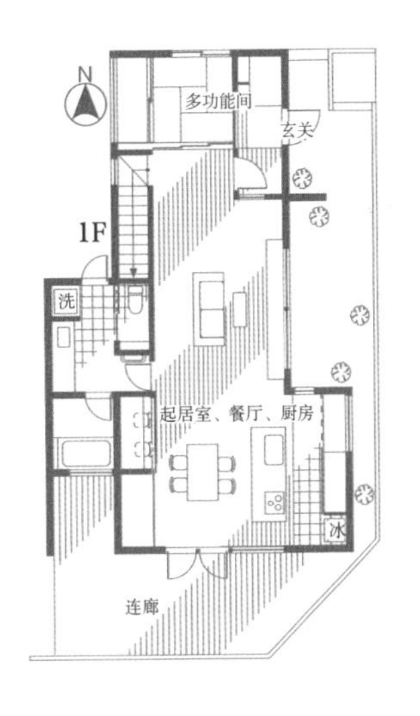

挑空加开放式设计，恣意享受宽敞空间

外部有连廊，中央部分挑空，这样起居室、餐厅、厨房就成了明亮开放的一体式单间。硅藻土墙壁、纯松木地板、天然风格家具，十分惬意舒适。

与连廊相通，确保行走舒适

起居室与连廊相通，这样以厨房为中心的洄游设计将空间延续到室外，带来了开阔感。另外以楼梯为中心轴，创造出第二个洄游设计。

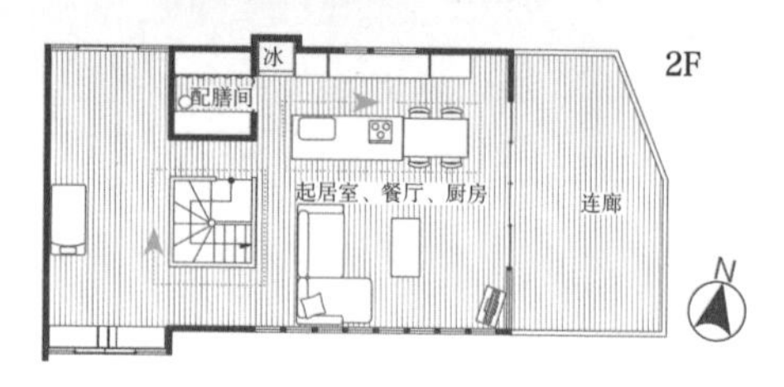

具有空间感的洄游式设计

将生活中的移动路线设计成洄游式，可以增加空间感。比如，玄关—起居室—餐厅—厨房—盥洗室—储物间—玄关，无论去哪里都不用折回，不但生活更加舒适快捷，而且可以消除闭塞感，扩大视觉空间。对于孩子们来说，这种设计也更便于他们玩耍。

另外，将洄游式设计应用到阳台、露台等外部空间，就可以将室内空间延伸到室外，感觉更加宽敞。如果难以将洄游式设计应用到整栋住宅，也可以应用到局部，比如厨房—餐厅、浴室—庭院、卧室—步入式衣帽间等。

儿童活动区，亮点是黄色的墙壁。与起居室、餐厅、厨房开放相连，孩子们可以快乐地玩耍。

开放的洄游式设计，可以从厨房望见整个房间。能够一边做饭，一边照看在起居室、餐厅里玩耍的孩子们。

挑空设计，拉长纵向空间

挑空设计可使天花板高达二层，同时地面也有宽度放大两倍的视觉效果。如果还开设了天窗或高侧窗，大量阳光就可以倾泻而入，开阔感倍增。起居室和餐厅采用挑空设计，可以更有效地促进楼上楼下的交流。

在挑空空间里设计一部分略低的天花板，可以有更宽敞的视觉效果。如果是起居室、餐厅一体式单间，可以将起居室挑空，餐厅为正常天花板高度。在同一个空间里形成高低差，可以突出挑空空间，让人感觉更舒适敞亮，而正常的天花板空间部分会带来平静感。均衡布局两个截然相反的空间，就能打造出悠然舒适的温馨家居空间。

纯白的墙壁和天花板可产生放大空间的视觉效果

采用了挑空设计的开放式餐厅，空间虽小，但在挑空的作用下消除了狭促感。为了有效利用空间，拓宽视野，可以将餐桌设计成微微倾斜的固定式。

面朝大海的挑空海景房

可以纵观海景，开阔感十足。为应对强风，特意缩小了挑空部分的高侧窗。色调高雅的紫檀木地板搭配洁白墙壁，惬意舒适。

架有大横梁的挑空空间

这栋房子令人联想到欧洲民居，一层起居室采用挑空设计，搭在中央的粗大横梁是这片空间的亮点，更加突出天花板的远视感。

各个房间都有错层，延展空间

该住宅是二层小楼加阁楼，用错层连接起居室和餐厅、餐厅和阁楼。各个空间不但视线通透，而且在感受到空间宽敞的同时又适当地保持了空间的独立性。

面前就是起居室，台阶上是餐厅。台阶落差使视线延伸到上方，可以同时看见上下楼空间，感受到宽敞，空间也变得有张有弛。

采用错层延展空间

地面上下错开的错层设计延伸了房间之间的距离，而且可以越过楼梯看清整个房屋，所以这种设计更令人感觉宽敞。

错层有两种，一种是每半层错开，多个楼层相互连接；一种是仅部分楼层采用错层设计。这两种都可以同时看到上下空间，而且容易强化家人的存在感。

不过，错层使房间相互连接，没有中断处，所以房顶、外墙、地面要安装隔热材料，提高空调、暖气的效率。另外，楼梯较多，不适合老年人。

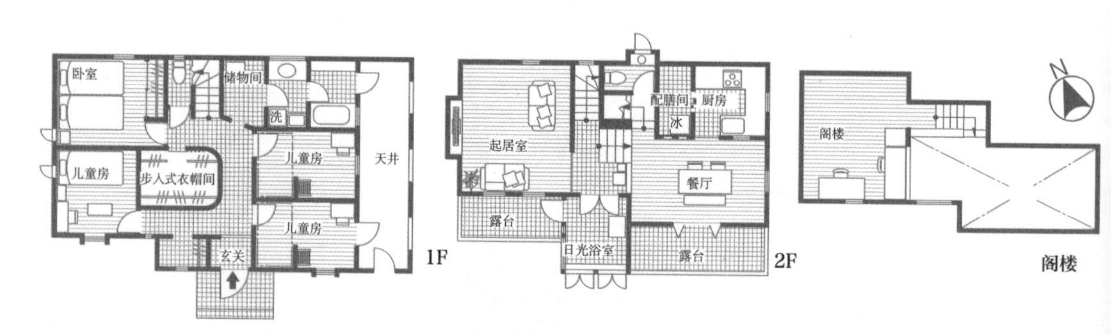

无隔断墙的箱式楼梯使空间简练精致

玄关正面就是楼梯，和走廊之间没有隔断墙，可以隐约看见二楼，视野开阔。楼梯下面被活用为收纳空间。

阳光穿过楼梯间隙，营造出舒适空间

该三层住宅建造在一块小地皮上，一楼约30m²，但每层都不会感到狭窄。这是因为白色骨架螺旋楼梯连接三层楼，延展了空间。

开放式楼梯、材料的统一使玄关更加宽敞开阔

细长的钢制骨架楼梯突显了与楼上的联系，使空间悠然大方。玄关和门厅使用同种材料，台阶落差也限制到最小，有助于增加空间的开阔性。楼梯上方照下来的阳光照亮了玄关。

利用楼梯的特性享受开阔感

楼梯无论采用何种设计，都能变成挑空空间。例如，把楼梯布局在面积有限的门厅，就能自然地把视线导向楼上，打造出毫无闭塞感的宽敞空间。

另外，不要在门厅和走廊里建造带围墙的楼梯间，而要在起居室、餐厅等开放地点建造楼梯，这样挑空空间和纵向延伸的设计便能相得益彰，感受到空间的宽敞。楼梯不仅能把充足阳光导入室内，还有助于增强家人之间的沟通交流。而且，垂直方向的移动可以使人变得兴奋。

在起居室和楼梯之间的隔断做出透视效果

把起居室、餐厅、厨房纵向排列在细长空间里，用几根等间距排列的细长棱柱代替墙壁分隔房间与楼梯。视线能穿透柱子之间的间隙，让人感受到深度，消除压迫感。

利用透明隔断墙使狭窄空间变开阔

起居室和楼梯间的隔断采用透明的丙烯酸树脂板，视线能穿透到室外，给起居室创造了大于实际面积的开阔感。此外，透过北窗能看见绿植，在室内也能欣赏户外景致。

创造透视空间，增加乐趣

通常都是用隔断墙来分隔房间，但如果空间狭窄，便会增加闭塞感，令人感觉不舒服。而利用可透视的设计分隔房间，会感到比实际面积更宽敞。可透视的设计有很多，如使用玻璃或丙烯酸树脂等透明材料、等间距排列细长的柱子、隔断墙高度与视线齐平、在墙壁上加开狭缝窗户等。这些设计降低了其本身的存在感，有效突出深处空间，使人感觉更宽敞。

除了盥洗室等狭窄空间，面积有限的空间用这种设计也能有效地增加开阔感，打造出惬意、舒适的空间。

享受融洽氛围的开放式房间

把玄关、厨房、起居室集于一室的开放式设计。用推拉门分隔各个房间，平时门完全敞开，享受空间的开阔感，来客人或开冷暖气时关闭，形成独立房间。

从起居室向外观看。柔和的阳光透过隔扇洒入室内，即使关闭隔扇也不会感到闭塞。

关闭分隔起居室、玄关和楼梯间的隔扇。厨房和玄关之间也用推拉门关闭。

活用推拉门

关闭分隔房间与房间、房间与走廊的推拉门或隔扇时，就会形成独立空间，打开就会变宽敞。开合幅度可以自由调节，想要沐浴一点微风、阳光时就打开一点细缝，想要整个房间都通风或者希望享受空间的开阔感时就完全打开。

而且，把起居室的一部分铺上软席，关上推拉门就能变成独立房间，可以作客房。儿童房中央也安装上推拉门，玩耍时就敞开，学习时就关闭，形成独立空间。

推拉门既能作墙壁，又能作门，可以自由变换用途。

★ 把室外的舒适引入室内 ★

内部装修对住宅的舒适程度起着决定性作用，而连接室内外的方式则在很大程度上决定着生活的丰富性。

传统建筑中的外廊、檐下等空间不仅可以有效控制通风、采光，也能作为半室外空间，连接室内外。起到同样作用的现代设计有连廊、露台、平台等。虽然位于室外，但能同时享受到室内、室外两种空间的舒适。

在设计建造房屋时，连廊与室内高度一致是最常见的方式。使室内外紧密联系的同时，拓展了室内空间及活动范围。

在建造连廊时，需要注意隐私问题。应该根据邻居家的窗户位置、连廊位置等，从连廊将来的用途、建造成本、维修费用、雨水侵蚀速度等方面充分考虑栏杆高度、材料等。

如果条件允许，可以给连廊装上屋顶。雨季可以晾衣物，让孩子在此处玩耍，也可以坐在这里赏雨品茶。装上屋顶后，还可以防止雨水侵蚀连廊。

在房屋周围栽种绿植，也可以提高生活舒适度。种植花草树木，不仅可以在室内欣赏绿植，还可以保护隐私，遮挡阳光，带来清爽的微风。

规划好室外空间，不仅能感受季节变换，丰富生活，还可以改善居住环境。

用带百叶窗的墙壁围起平台，提升私密感

把平台布局在厨房和餐厅连接处，窗户全开，活用为第二起居室。身处厨房也能照看在平台上玩耍的孩子。

带屋顶的连廊，四季都能享用

与起居室相连的连廊带有玻璃屋顶，可以不受天气影响地待在此处，享受户外的开阔感。夏季还能拿出儿童游泳池，让孩子在此处快乐玩耍。

尽量制造落差，活用为长椅

活用室内和连廊的落差，将连廊地板向室内一侧延长30cm。室内与室外之间有过渡。落差还能活用为长椅。

全开口式窗户使连廊成了一处风景

连廊和起居室尽量用墙壁相隔，有意识地区分室内外。将推拉式窗户全部打开，连廊里的景致就像一幅装裱在画框的风景画一样展现在眼前。

活用连廊

现在越来越多的住宅会建造连廊，使其与起居室、餐厅相连。这是由于地皮狭窄而没有多余空间设置庭院，或者建筑物规模小、各个房间都不宽敞。连廊不仅带来了开阔感，还能享受到放松、惬意。

连廊延伸了房间，可以作户外起居室，还可以在和煦的晨光照耀下的连廊享用早餐，或悠闲地度过下午茶时光。即便身处住宅密集区，也能恣意享受如绿洲般的舒畅。把连廊活用为起居室时，窗户选用两开型法式双扇玻璃门，或者可以拉入墙内的推拉门、折叠门等，这样全部打开时不仅开阔了视野，还增强了室内外一体感，使空间更舒适。

适度围上百叶窗，既遮挡视线又能通风

停车场上方建造出了约12m²的露台。道路一侧（上图左侧）安装了磨砂玻璃遮挡外部视线，侧面采用了通风良好的百叶窗。可以在此与家人共用早午餐，悠闲地度过假日。

方方正正的木制高墙与现代化外观相得益彰。亮点是墙壁上的狭缝窗户。

保护隐私的同时能让人放松身心的宽敞连廊

建筑物呈"L"形，连廊就在拐角处。面朝街道，所以围上了高墙，为了消除压迫感、保持通风，适当地设置了狭缝窗户。在这里可以欣赏花草树木随四季而变化的景色。

围起外部空间，享受户外的自由开阔

如果把平台、连廊布置得像房间一样，就能切身感受到天空、清风、阳光、绿植所带来的舒适。但是，如果地处住宅密集区，便无法悠闲自在地享受宁静氛围，就连特意建造出的连廊的使用次数也会大大减少。

为了屏蔽周围视线，增强连廊的可用性，推荐用百叶窗状的栅栏或不透明的护墙板适度地把连廊围起来。这样不仅提升了室内外的一体感，还会让人感觉房间一直延伸到了围着连廊的墙壁。在墙壁上安装格架，种上绿植，从室内也能看到绿景。安装上雨棚或者准备上庭院遮阳伞，遮挡强烈日光，可使空间更加惬意舒适。

欣赏木制框架里的如画风景

住宅紧挨着公园，地理位置优越。对设计方案百般推敲，以便欣赏到层层新绿重叠的美景。全家人都十分喜欢放有餐桌的这一隅，窗外的景致仿佛一幅挂在墙壁上的风景画。

通过起居室的大窗户，在室内赏花

在能看见公园樱花树的位置上裁取出横宽近两米的观景窗。欣赏着樱花从饱满的花蕾，渐渐地完全绽开，直到落花，就像观赏一场电影一样。

根据室外的绿景选择窗户位置

通过自家窗户眺望到邻家庭院或公园里的绿景，称作“借景”。在起居室放松时、家人一起用餐时，透过窗户望着清爽的新绿，全身心都会感到舒适。

选取住宅的窗户位置时，应该仔细观察周围环境，以判断何处可以看到绿景，何处有不愿看到的景物。如果某方向上有漂亮的景色，就应该在该方向上开设窗户。改建旧房屋时，如果在二层能看到怡人的景致，就应该把起居室、餐厅、厨房设置在二层。

窗外的景致也可以左右一天的心情，所以不能省去观察周围环境这一步。

赏景的同时享用美食，可谓最好的餐厅

借景于邻家绿植的窗户设计成了横宽式，可以更好地欣赏景色。墙壁之间是吊橱，突出横向线条，使空间看起来整洁大方。

从二楼起居室也能看见纪念树

车库一角种有四照花。把二楼露台挖出了一个方块，以便从房间也能看见特意栽种的纪念树。呼吸着透过树叶吹来的清风，沐浴着透过树叶洒下来的斑驳阳光，快乐地享受生活。

小空间里的绿植也能平静心情

从地窗能看见点缀着翠竹的庭院。如果没有这扇窗户，这就仅仅是一个简朴的卧室。窗户虽小，但在窗外绿景的映衬之下，空间一下子丰富多彩起来。

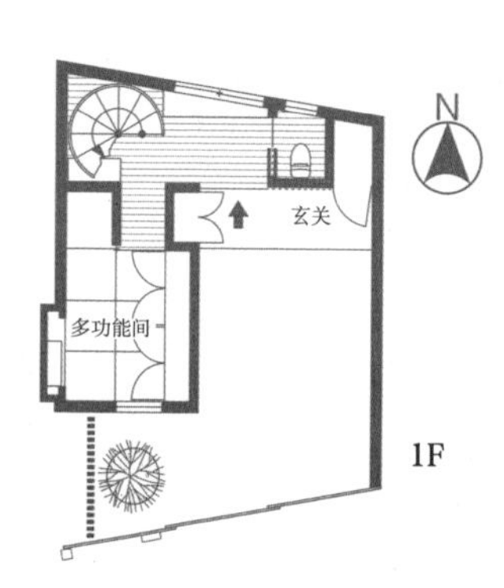

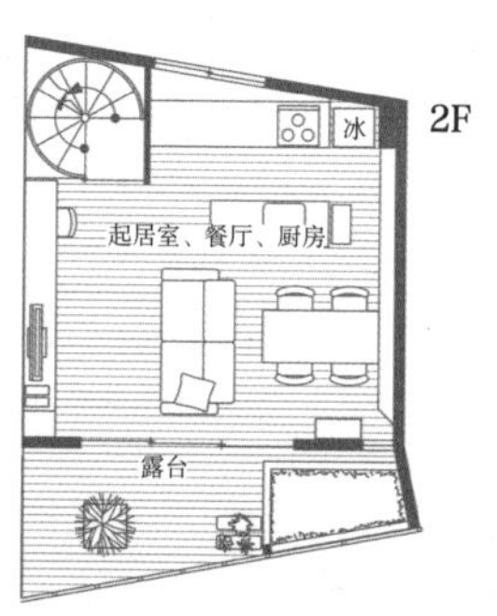

在便于室内欣赏的地方栽种树木

在起居室、厨房，或在行走时，不经意间望见窗外的绿景，心情是否一下舒畅了？花草树木的绿色可以缓解紧张情绪，放松心情。

庭院不一定大，四周的景色不一定美，但必须能欣赏绿景。车库的一角、为采光而设置的天井、紧挨着邻家的细长空间等，只需一点地方就能种一棵树。在能眺望到绿景的位置建造窗户，就可以在屋内欣赏绿景。

如果种植常绿树，全年都能观赏新鲜翠绿的叶子；如果种植落叶树，夏季能遮挡烈日，冬季叶落后，暖阳便能照入室内，还可观赏四季变迁，各有各的观赏乐趣。

在每天都会看到的地方设置赏景窗

在玄关面朝着天井的一侧设有大窗。院子中央种有一棵枫树，每次上下楼梯时都能感受到季节的变换。从傍晚开始就能欣赏到被泛光灯照亮的庭院。

专栏 2

利用照明营造舒适空间

用来看书、做手工的照明灯具要注重亮度，但起居室、餐厅等房间应首先考虑能使心情放松的照明灯具。无须利用整体照明使房间亮度均匀，适当搭配使用聚光灯、筒灯、吊灯等，为房间创造出纵深感，营造恬静的氛围。

而且，篝火、烛火、夕阳的橙色能稳定心神，所以室内照明也要以再现这种自然光颜色为目标，使用能控制亮度、颜色的照明灯具，也可以利用间接照明、壁灯等微微照亮墙面。

灯光的设计也是打造舒适空间必不可少的要素。

开间式设计，挑空空间的筒灯、卧室的壁灯、起居室的落地灯光线相互交错，营造出别有氛围的空间。

2F 餐厅、厨房

省去了吊橱的开放式厨房整洁大方，而且更宽敞。餐桌是黑胡桃木材质的。

2F 露台

露台与起居室相连，坐北朝南，十分惬意。地板选用了经久耐用的巴劳木材质。

兼顾通风、采光、视野的舒适小楼

F先生喜爱车，想把爱车放置在家中，所以希望建造一栋带有室内车库的住宅。购置的地面面积约100m²，但形状不规则，建两层难以确保需求空间，所以想建造一栋三层小楼。

整体布局是，一层的一大半为车库；二层作为生活中心，有起居室、餐厅、厨房；三层则是儿童房。另外，在二层建造挑空空间，增加空间的宽敞感。

建造三层小楼是有效利用狭窄地皮的方法，不仅能扩大总面积，也能将生活空间设置在视野好的上层，还便于保护隐私。F先生家在三层的南面开了一扇大窗户，可以眺望远处的风景，开阔感十足。而且卧室与起居室、餐厅、厨房用推拉门相连，打开推拉门就能形成一体式空间，宽敞明亮。

2F 起居室、餐厅

把挑空空间中最高的墙壁涂成了茶褐色。比起全是白色的墙壁，这种设计更能使空间有张有弛，带有纵深感。

生活中心在二楼，优先考虑生活便利性

2F 厨房

利用木制门扇打造出了天然原木的厨房。台面下是空的，便于灵活收纳。

2F 起居室、餐厅、厨房

有小孩也能安心居住的开放式设计。孩子还小，所以没有摆放沙发，扩大了玩耍区域。

2F 盥洗室

柜子下方是内置式滚筒洗衣机，旁边是盥洗台。右手边是浴室。细碎杂物可以收纳在柜子上的篮筐里。

2F 卧室

起居室的深处是卧室，用三扇推拉门隔开，推拉门可全开或只开一部分。

2F 楼梯

连通三层楼的木制螺旋楼梯，省去了踢板，促进了采光、通风，给人轻盈有力的感觉。

一楼的一半为车库，纵享爱车生活

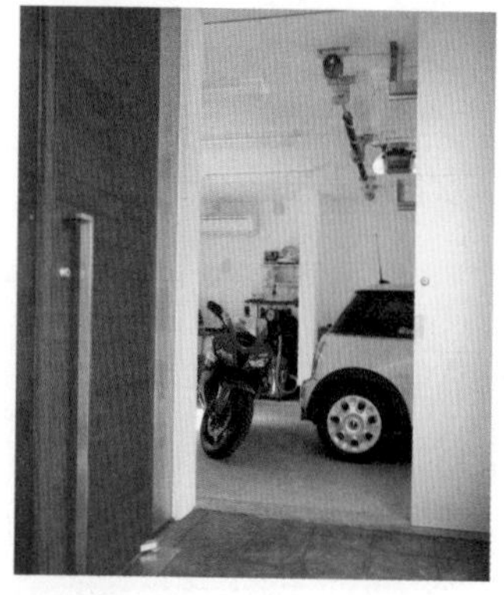

1F 玄关

玄关处也有通往车库的入口。

正对着的是车库和玄关之间的推拉门。驾车出行时从这里出入。

1F 玄关门厅

门厅十分宽敞，骨架楼梯和玄关大门两侧的狭缝窗户都能采光。

1F 工作间

因经常居家办公，所以建造了该空间。地皮不方正使房间变成了三角形，但收纳空间很充足。

1F 室内车库

为放置两辆爱车和摩托车，建造了十分宽敞的车库。还设置了清洗处，能够保养、维修汽车。

3F 儿童房

把儿童房布局在三楼是因为想让孩子拥有私人空间，而且一楼、二楼没有多余的空间。

3F 走廊

可以在花粉季、雨季晾衣物。左手边是收纳空间，晒干后能立马把衣服收拾起来。

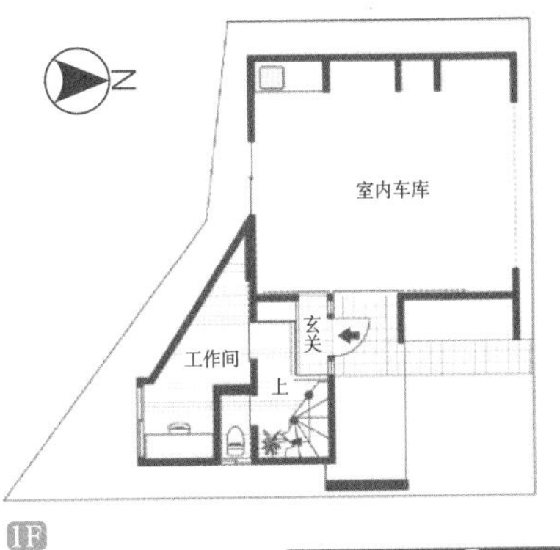

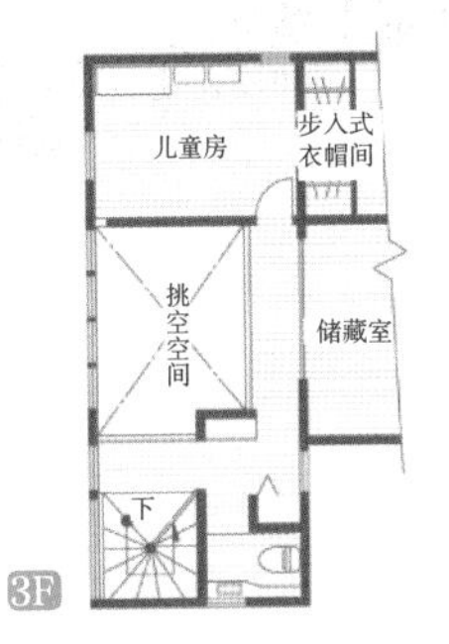

（左）书架仅利用了一点点空间。门是推拉式，可以看清整体布局。

（右）右侧是起居室的挑空空间，窗户外的景致相当宜人。

DATA

既考虑到了道路限制，又不会对周围产生压迫感	土地面积	100.51m²
	总建筑面积	145.67m²
		1F 59.97m²+2F 50.51m²+3F 35.19m²
	结构、施工方法	木制三层（主体结构施工方法）

大人、孩子都喜欢的家

藤本先生家起居室、厨房宽敞明亮，起居室西侧一角是孩子玩耍的角落，整个住宅环境舒适安逸，这是因为采用了直角、钝角、锐角相互交错的设计。

另外，重视室内外的连接也是关键的一点，玄关创造出了既不属于室内也不属于室外的中间地带。洄游式路线创造出了开阔感，如玄关到庭院，起居室、餐厅到庭院，杂物间到小阳台等。起居室、餐厅的南侧是门厅和庭院，也可以从庭院经过连廊直接进入浴室。

厨房设计简洁，便于使用，且容易保持干净。为了与餐厅的视线齐平，特意将厨房地面降低了45cm。

房屋建造了挑空空间及大窗户，并将隔断墙的数量减少到最低限度，使风和阳光充满整栋房屋。盛夏时节，不开空调也很凉爽。

1F 厨房

"L"形厨房配套设有收纳空间，功能齐全。为了隐藏烹饪工具使外观整洁，做出了大量收纳空间。东侧连接着小阳台，放置垃圾箱等。

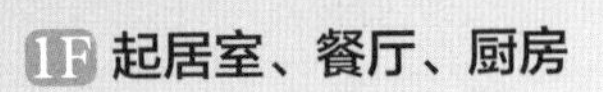

1F 起居室、餐厅、厨房

墙壁是椴木胶合板，地板是实心松木板。窗户采用推拉窗，起居室地板和连廊之间没有垂直落差，窗户全开时，便会形成一体式空间。

起居室一角是儿童角，便于随时照看孩子

1F 起居室

从收纳空间向内的角度是135°，形成“く”形。营造出了纵深感。即使儿童角杂乱，也能很好地隐藏在起居室后面。支撑二楼的柱子也变成了玩具。

1F 走廊

左边是厨房，对面的门内是盥洗室和浴室。右边是兼作餐具柜的架子，架子宽2.7m，安上了两扇推拉门，平时拉开在两侧。

1F 儿童角

里面摆满了小朋友的玩具和杂物。因为与起居室相连，所以孩子长大后这里可以变成客房、影视间、茶室等。

1F 盥洗室

用玻璃分隔浴室和盥洗室，保持空间的连续性。左边的门内有洗衣机，再左面是小阳台。方便洗衣、晾衣。

1F 浴室

浴室打造出了面积约6.8m^{2}的大浴池。小朋友也可以和小伙伴一起在浴池里玩耍。

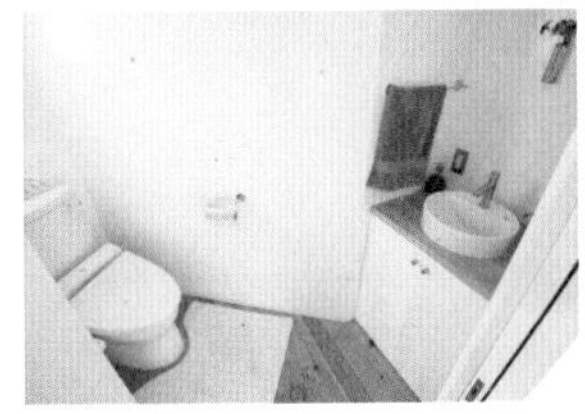

1F 卫生间

可以将形状不规则的地方设计成卫生间。桌面式洗手槽下面有充足的收纳空间。

1F 浴室连廊

从庭院也能进出浴室连廊。连廊与浴室间用推拉门作间隔。连廊左边有洗脚处，在庭院里玩得浑身是泥时，可以先洗掉泥土，再进入浴室。

上下楼层声音互通的开放式设计

2F 工作区

工作区位于二楼大厅，面向挑空空间。书架是水曲柳层积材的。没有隔断墙的开放式设计，方便和楼下的人对话。

2F 卧室

现在孩子还小，三个人睡在一起。两处地窗用来通风，天窗用来采光。整个家都有通风窗，不会感到潮湿。

2F 儿童房

为便于以后分开使用，门和收纳空间均设有两处。加上了小阁楼空间，所以感觉比实际面积更宽敞。阁楼作收纳空间。

2F 走廊

面向挑空空间的走廊既便于空气流通，又能在雨天晾衣。冬季，也能在短时间内干燥衣物。尽头是卧室。

庭院

夏天能把便携游泳池拿到院子里玩水。右边的木栅栏里是浴室连廊，其前面是李子树。

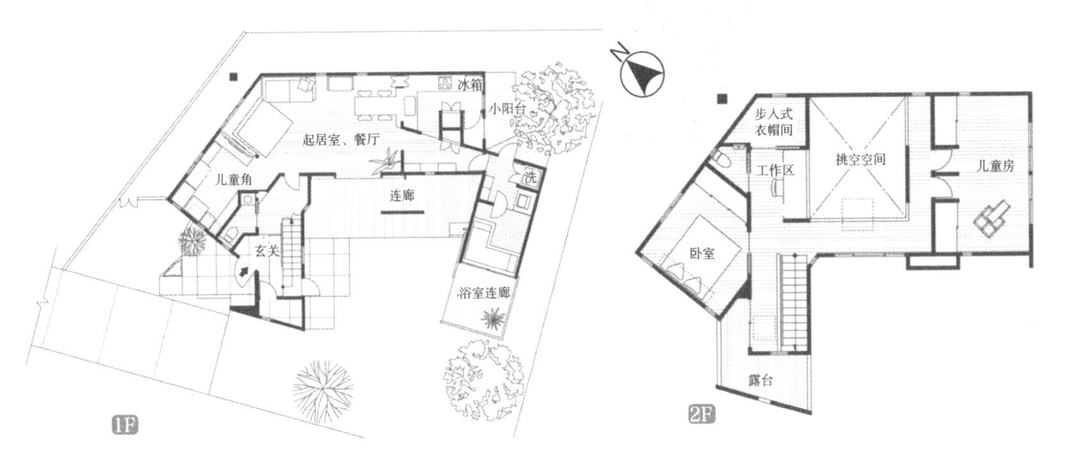

1F 玄关

玄关是混凝土地面，能从正面的窗户进入庭院，是既像室内又像室外的中间地带。

DATA

没有院墙和栅栏，外观清爽整洁。从玄关右边能进入庭院

土地面积	$348.63m^2$
总建筑面积	$149.15m^2$
	1F $86.29m^2$+2F $62.86m^2$
结构、施工方法	木制两层（主体结构施工方法）

与家人欢聚一堂，
款待客人，
一个人静静地研究爱好……
这些行为都涉及了家居设计的多个方面。
移动路线、分区规划、空间的建造方法等，
对每天能否更舒适、轻松地生活有极大影响。
这一章主要介绍注重生活便捷性的建房创意，
让你在家中度过最惬意的时光！

PART 2

建造便捷家居的技巧

便于朋友相聚的家

便于款待客人、与朋友相聚的住宅也很惬意，且独具魅力。
下面就根据待客形式介绍一些让主人和客人都感到舒适的住宅建造秘诀。

在一体式餐厅、厨房款待客人

厨房台面和餐桌在同一条直线上，这样可以一边烹饪一边和客人聊天。因为是开放式厨房，所以材质很讲究，桌面上铺有瓷砖。

餐厅位于向阳的南侧，外面与连廊相接，更加明亮、开阔。带藤架的连廊是另一个餐厅。天气晴朗的日子，可以在这里享用午餐。

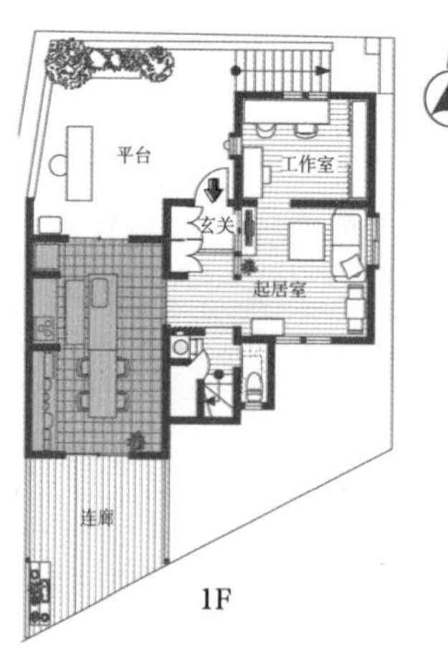

在餐厅待客能拉近与客人的距离

如果想和客人建立更亲密的关系，可以试着在餐厅待客。许多人之间的关系都是在一起享用美食的时候变得更融洽亲密的。在餐厅愉快地饮茶、吃饭更能使客人感到放松。

这时，餐厅和起居室之间保有适当的距离尤为关键。可在中间夹有平台、露台，或设计成跃层等，规划成独立空间。餐厅作为公共空间，应注重放松感，而起居室应该注意保护隐私。

玄关与厨房自然相连

更热情的待客方式是直接在厨房款待客人。厨房待客的关键在于把玄关和餐厅、厨房直接相连。客人进门后自然地被引导到厨房。如果有喜欢的咖啡厅，可以看看他们的桌子布局及材质。厨房与连廊、露台相连，就能打造出开放式咖啡厅般的空间。

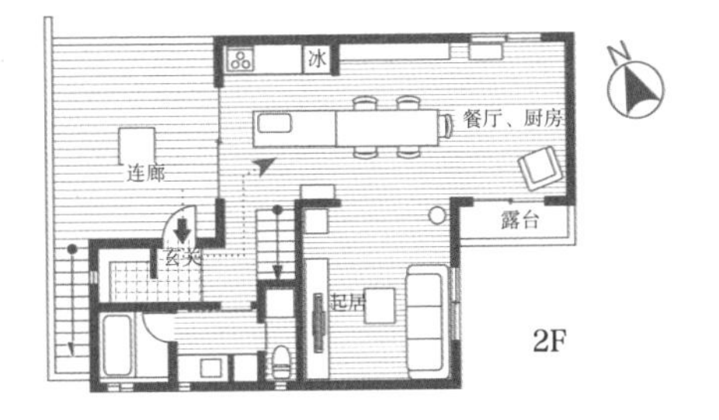

能从连廊自由出入的咖啡厅式厨房

这栋住宅的主要房间位于二楼，采用了从外部楼梯经过连廊进入屋内的设计。北侧的厨房面朝连廊。充足的阳光从落地窗和天窗洒入室内。

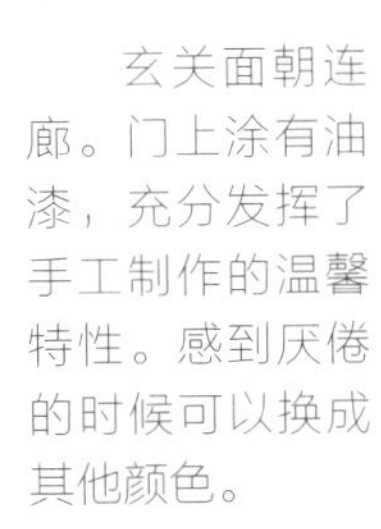

玄关面朝连廊。门上涂有油漆，充分发挥了手工制作的温馨特性。感到厌倦的时候可以换成其他颜色。

与厨房相接的连廊最适于悠闲饮茶。邻居或者好友不用经过玄关，能直接从连廊到厨房。

厨房外侧连着露台，便于室内采光、通风。可以在此处晾晒孩子的换洗衣物。翠绿的借景也是魅力之一。

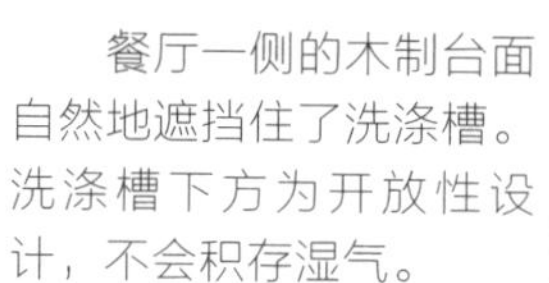

餐厅一侧的木制台面自然地遮挡住了洗涤槽。洗涤槽下方为开放性设计，不会积存湿气。

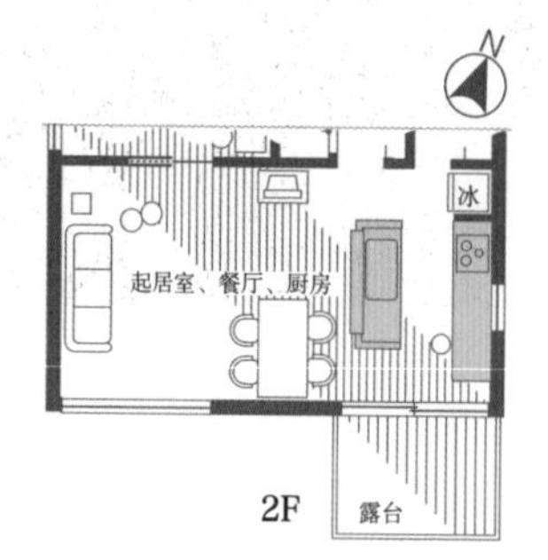

在厨房待客时，应便于多人使用

想和到访的朋友一起边聊天边做饭，希望全家人一起做饭并收拾碗筷，如果有这样的想法，那可以考虑便于多人使用的厨房设计方案。

典型的设计方案是能环绕台面行走的岛式厨房。可以从台面两侧进出厨房，轻松地烹饪、布菜、收拾碗筷。另外，桌子之间也要留出空余，以便行走。即使是独立的封闭型厨房，也要建造出方便行走的路线。

便于交流、采光好的岛式厨房

起居室、餐厅、厨房共25.6m^2，因为天花板高，所以感觉比实际面积更宽敞。建造成能够洄游的岛式厨房，家人都能参与到烹饪中来。

起居室在二楼，和餐厅位于不同楼层。可以在这里招待亲戚、朋友。二楼也有卫生间。

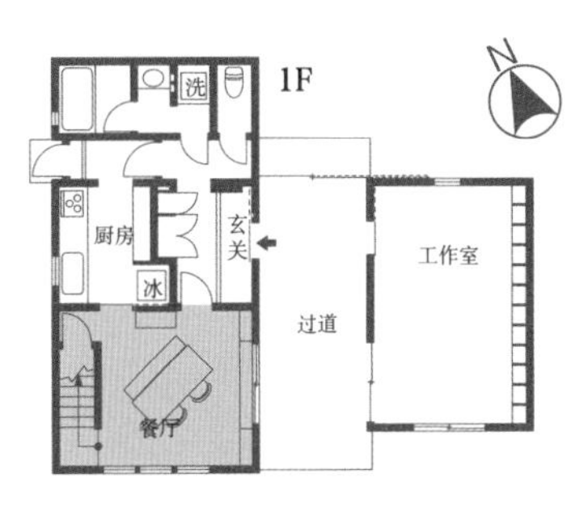

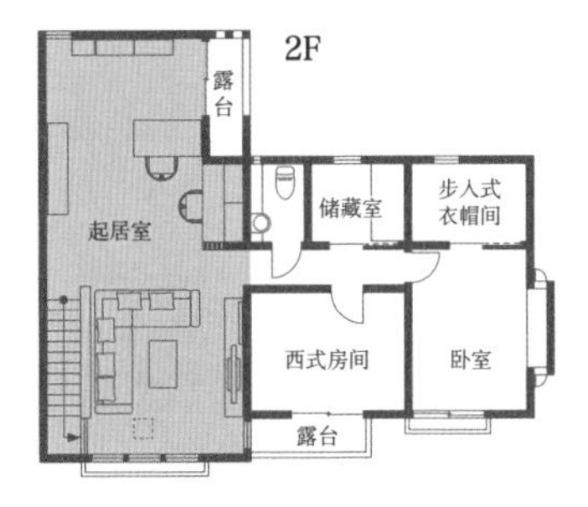

在客厅招待生意伙伴

因需用来商谈工作，所以在一楼配置了兼作待客室的餐厅。厨房是独立的，与餐厅分开。这样能够和客人安静地交谈。

起居室与餐厅分开，适合正式宴客

与客人之间的关系决定了待客空间的设计。如果会正式邀请客人，如在家开办教室、商谈工作等，就要考虑将起居室和餐厅建成独立的空间，这样可以避免客人到访时，家人无处休息的情况。

除正式待客外，如果举办夫妻一方的私人聚会，有独立的起居室就不会担心打扰到家人了。无须全家一同待客，也是爽快邀请客人的必要条件。

在走廊等地设置公共洗手间

大家是否曾在客人想用卫生间前慌忙地去收拾呢？卫生间属于私人空间，里面可能有换洗衣物等，不好意思让客人进去。

所以，最好在走廊或玄关等公共空间设置小卫生间，再装上一面镜子，方便客人补妆等。而且家人洗手也无须跑去主卫，非常方便。

设置在餐厅、厨房入口的客人专用卫生间

把小卫生间设置在了餐厅、厨房的入口旁，方便客人使用。外面使用了时尚的容器式水槽。

兼做客卫的洗手间设计得十分讲究

家人用的主卫位于二楼，一楼建造了兼做客卫的洗手间，位于玄关和起居室、餐厅、厨房之间，平时家人也能使用。洗手间的台面上铺了玻璃瓷砖，给人清凉的感觉。

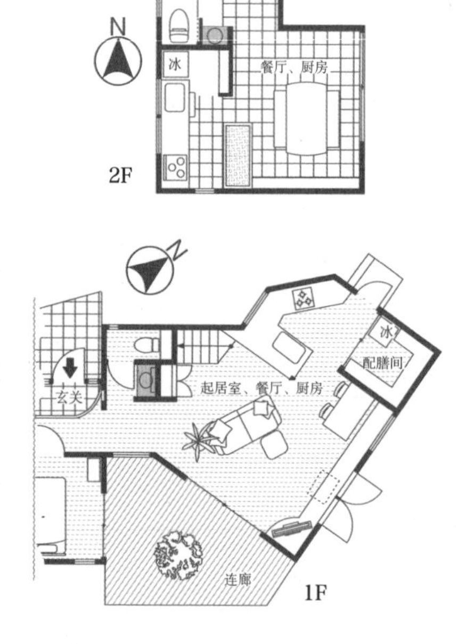

专栏 3

在流淌着美妙音乐的空间里休憩

悠闲地舒缓身心时，听着美妙的音乐，这种怡然自得的享受也可以在自己家实现。

建造、装修房屋时，推荐铺设线路、安装扬声器来创造音乐环境，而不是使用组合音响听音乐。无须昂贵的音频系统，只需准备好价格适中的扬声器和音响就能享受惬意的音乐生活。关键是将扬声器安装在房间两角的天花板附近，这样既不会影响室内装饰，优雅的声音还能回荡在整个房间。虽然也可以后期架线，但会影响外观，最好铺设在墙壁内部。

如果希望在家中的任何地方都能听到音乐，还可以在浴室、卧室铺设扬声器、电线。

在设计阶段定好扬声器的摆放位置，不会影响到室内装饰，空间看起来十分整洁。喜欢音乐的夫妇可以在家中一边听着喜欢的音乐，一边悠闲地度过假日时光。

坐在沙发上眺望着大海，听着悠扬的音乐，惬意十足。天花板高的房间，音响效果更佳。

增进家人交流的家

需要下哪些功夫才能打造出能让家人经常保持亲密、自然地交流的住宅呢？从广阔的视角来考虑如何构筑“爱巢”吧！

连廊是享受天伦之乐的又一个地方。除了喝茶、用餐，夏天还能在这里摆放儿童专用泳池。

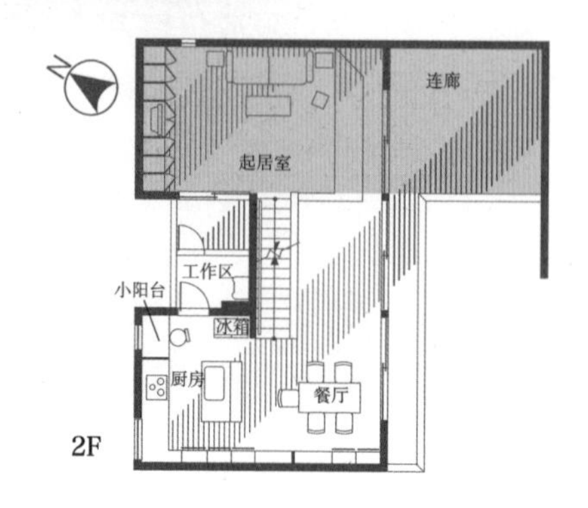

用心令每个家人都感到舒适

弄清楚“家人最重视的是什么”，这是让家庭关系变得更亲密的核心。

布局和设计方案皆要以该核心为重。如果重视家人聚在一起看电视的时间，就建造轻松舒适的起居室；喜欢热热闹闹地吃饭，就建造能摆放大餐桌的餐厅。如果面积和预算受限，就算削减其他空间的面积或成本，也不要压缩“核心空间”。舒适的“核心空间”就能让家人自然地相聚在一起。

家人欢聚在与连廊保持一体感的起居室

明亮的挑空起居室是每个家人都喜欢的空间。与连廊之间设有台阶，既增加垂直落差感，又方便与在外玩耍的孩子沟通，台阶还能活用为长椅。

利用较低的“L”形沙发营造出放松空间

即便餐厅和起居室相互连接，也要保有适当的距离感，明确分隔就餐空间和放松空间。起居室没有安装能通往庭院的落地窗，而是宽松地摆放着矮座“L”形沙发。

即使家人各自做事，也能有亲密感的起居室、餐厅

规划单间起居室、餐厅时，重要的是能让家人各按所好地生活。爸爸在沙发上看电视，妈妈在餐桌上看书，孩子在地板上玩游戏……乍看起来有点分散，但相互之间又有着自然的联系。这样的起居室、餐厅难道不是最理想的吗？

设计要点是在不经意之间保有距离感。起居室和餐厅稍微错开，呈“L”形连接，或者采用跃层。比起单纯的四方形起居室、餐厅，部分空间忽隐忽现的设计更容易让人发现适合自己独处的地方。这样的设计，既能让家人紧密联系，又能避免相互干扰。

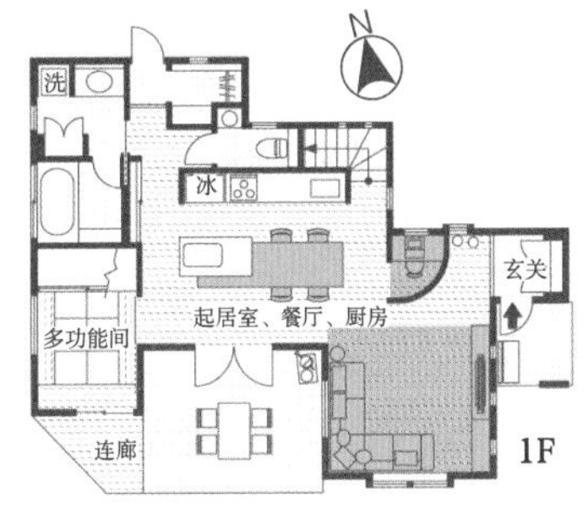

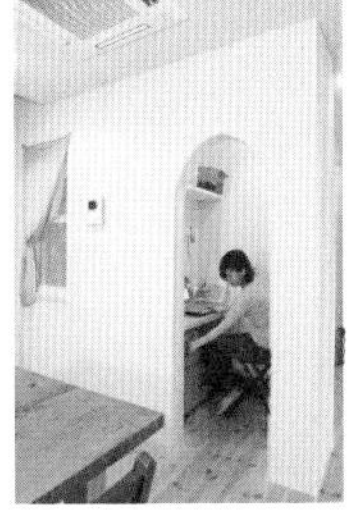

（上左）从起居室望向餐厅。稍微错开了空间，保有每个空间的独立性。

（上右）带有门洞的墙壁内侧是能集中精力的工作区。

（下左）在楼梯间的挑空空间里安装了一个能让孩子们共用的桌子。可以在学习的同时与待在起居室、餐厅、厨房的家人说话。

（下右）二楼的儿童房入口安装的是推拉门。白天完全打开，传递着楼上楼下家人之间的存在感。

经过起居室、餐厅、厨房进入二楼的个人房间

一楼的起居室、餐厅、厨房是宽敞的一体式单间。通向二楼的楼梯完全在一楼之内。家人必须经过这里才能进入个人房间。明亮的挑空空间加上开放式骨架楼梯，一下子提升了轻松感。

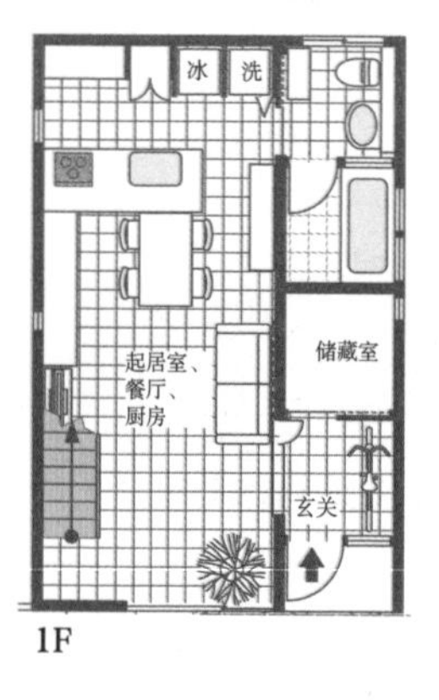

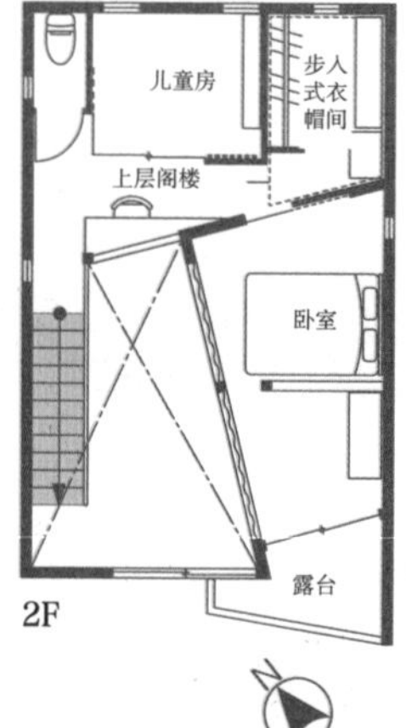

起居室的楼梯增加了亲子碰面的机会

家长们都不希望孩子们回家后不和父母见面交流就直接进入自己的房间。这就需要考虑公共空间和个人房间的位置关系。有效的解决方法是把楼梯安装在起居室内，必须经过此处才能进入楼上的儿童房。孩子的移动路线必定经过公共空间，自然就增加了亲子之间的对话机会。

也推荐大家采用会经过餐厅、厨房的设计方案。孩子回家的时间段正好是大人待在厨房的时候，这种设计容易增加亲子之间的碰面机会。如果孩子养成习惯，回家后不去自己的房间，而是直接到餐桌旁吃零食或者做作业，亲子之间的感情不就更加深厚了吗?

起居室、餐厅、厨房与儿童房布局在同一层

起居室、餐厅、厨房在一楼，卧室和儿童房在二楼，这种设计方案可以通过把楼梯建造在起居室内的方法来增加交流机会。但如果起居室、餐厅、厨房在二楼，那又该如何布局呢？在城市里，从采光、通风、隐私等方面考虑，不少人会把起居室、餐厅、厨房布局在二楼。所以，设计方案容易变成从玄关直接通往儿童房。

如果面积还有富余，推荐将起居室、餐厅、厨房和儿童房都布局在二楼。用全开式推拉门与起居室、餐厅、厨房隔开。平常完全打开，可以自由进出。一边在厨房做家务一边照看孩子，是父母和孩子皆能安心生活的设计方案。

用楼梯间和收纳墙面分隔起居室、餐厅、厨房与儿童房。左右两边皆可上楼。可以绕圈洄游，以后也可以在儿童房中间立墙分成两个房间。

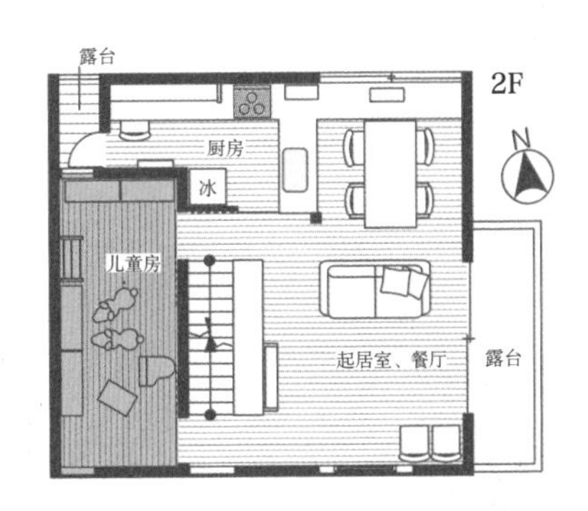

把洄游式儿童房与起居室、餐厅、厨房布局在同一楼层

把起居室、餐厅、厨房与儿童房紧凑地布局在采光、通风良好的二楼。起居室内还有挑空空间，比实际面积感觉更宽敞。现在整个楼层都变成孩子们的游乐场。

通过挑空空间传递沟通

因面积等条件限制，起居室、餐厅、厨房与儿童房不得不分别设在不同楼层时，可以通过挑空设计将空间立体地连接起来。

例如，把儿童房设在起居室或餐厅的挑空空间对面，挑空空间一侧建有室内窗。听到从楼下传来的招呼声后，来到挑空空间探出头便能面对面交流。想集中注意力做事情时，关上窗户即可。如果起居室、餐厅、厨房没有多余的地方能够采用挑空设计，就一定要开动脑筋建造出能当作挑空空间的楼梯。听着家人进出玄关的声音，或者是说话声，也有助于沟通交流。

一、二楼组成单间式一体的空间

二楼大厅是这个家的工作区，和一楼的起居室、餐厅之间用宽敞的挑空空间连接起来，将一、二楼完整地作为单间使用。无论待在哪里，都能感受到家人的存在。

用挑空空间连接工作区和儿童房

把挑空空间建造在一楼的工作区，用室内窗与二楼的儿童房相连接。楼上楼下还能保持沟通。室内窗平时就完全打开，折叠门关闭时就像一面墙一样。

利用墙壁分隔出起居室的一角作为工作区。大家可以在这里用电脑。书架上摆满了房主喜欢的书和资料。

使露台与餐厅、厨房相连，室外的道路一览无余

尽量减少地板面积，建造出连接二楼起居室、餐厅、厨房的开放式露台。为了美化视野把扶手变细。待在室内也能听见道路上的声音。也会从这里听见孩子的小伙伴欢快地喊“出来玩吧”。

能从玄关一眼眺望到大门前的三合土厨房

玄关的三合土地面直接延伸到厨房，设计独特。打开玄关的推拉门时，一眼就能望到大门口。除了家人的进出情况，是否有邻居拜访也能一望便知。

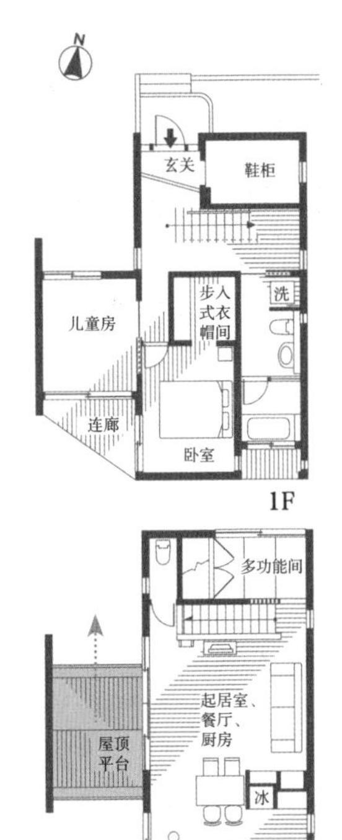

待在家中也能得知玄关和室外情况

孩子能从窗户向正要出门上班的大人挥手致意，说一声“您慢走”。大人从厨房看见回家的孩子后说一声“欢迎回来”。虽然很平常，但比起用内线监控来确认家人回家，这种互动更能让人感受到一种温暖的牵绊。

以这种理念进行设计，可以让人从起居室、餐厅、厨房看到马路和玄关的情况。推荐在玄关一侧建造连接二楼起居室、餐厅、厨房的露台。除了便于进出，还可在保养车子、整修庭院时将存在感传达到室内，这样能消除孤立感，安心地在室外享受乐趣。

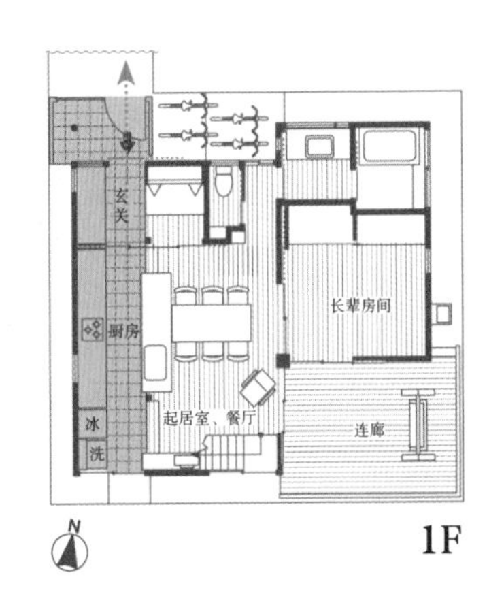

在学习室放置收纳能力超强的书架

书房与起居室、餐厅、厨房处于同一楼层。将全家人的书都放在这个书架上，大人、孩子可以在这里一起学习。一面墙壁涂上专用涂料，当作白板画画、留言。

能容纳全家藏书的图书室

一般来说，大人的书会摆放在书房或卧室，孩子的书摆在儿童房。但也可以打造出家人共用的小图书室。即使是大人看的难懂的书，孩子们也会在不知不觉中了解到书的内容，明白“原来自己的父母对这些感兴趣”“他们在做这种工作”。身边摆放着未知领域的书也是增长知识、拓宽兴趣面的好方法。

图书室可以设置在走廊、楼梯厅、起居室餐厅、工作区等。既然是全家人使用，那么布局在哪里都行。也可利用墙壁的厚度做出一个较窄的书架，这样会十分便利。

把书架安在面朝挑空空间的工作区

通过挑空空间把二楼的廊厅与一楼的起居室、餐厅相连。此处活用为工作区。工作区安有书架，同时摆放大人和孩子的书。

螺旋楼梯的两旁装饰着孩子的作品

应孩子们的要求，打造出了螺旋楼梯，一直延续到儿童房所在的三楼。楼梯两旁的墙面上装饰着孩子的画，每次上下楼梯时都能欣赏到。照片上所展示的是上小学三年级的二女儿的作品。

用黑板专用涂料对玄关收纳的柜门进行了涂刷。用粉笔可以画无数次，是涂鸦的好地方。

能陈列孩子作品的画廊

推荐把玄关门厅或者走廊等家人、客人会经过的空间打造成画廊。对于孩子来说，装饰上他们的作品就是对他们的夸赞。另外，装饰上充满回忆的家人照片也十分具有情调。

虽说是画廊，但无须特意腾出专门的空间，把软木贴在走廊墙壁或者安装上上部能用作装饰架的格子门即可。

把玄关门厅打造成培养孩子创造力的画廊

玄关门厅墙面上贴有大的软木板材，上面随性地展示着孩子的画、电影海报、戏剧传单等，也能挂小书包、帽子等。

让孩子“畅所欲玩”的家

不必在意喊声、脚步声，能让孩子尽情玩耍，是独院的魅力之一。下面将介绍从屋内到屋外全部都能活用为“儿童游乐场”的住宅。

从正面能看见盥洗室的入口。进入里面之后，面前是盥洗台，右手边是浴室。连廊下面备有水管，以便洗干净脚后再进入房间。

带连廊的洄游式设计让孩子自由奔跑

孩子经常藏在壁橱里，或者在狭窄的楼梯下面玩。如果从孩子的视角来捕捉空间，或许面积的大小就显得没那么重要了，比那更重要的是出现了有趣的移动路线。

采用无尽头、能来回绕圈的洄游移动路线，孩子会感到有趣。有多条移动路线能达到同一个目的地，移动路线就有多种可能。如果该移动路线中途加入了连廊、里院等室外空间，玩耍区会更加宽广。无尽头的洄游移动路线也能让大人方便地走动，而且有利于采光、通风。

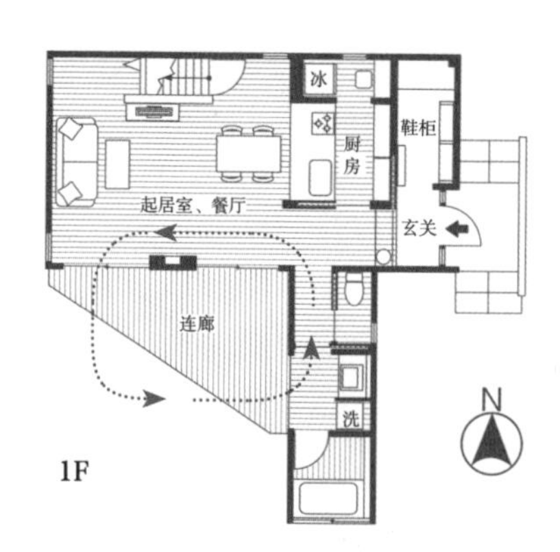

能够洄游起居室—连廊—浴室的设计

起居室南侧有两处高大的落地窗。外面连接着连廊，可以漫步到庭院。从连廊可以进入盥洗室，在外面玩累后可以直接进入盥洗室洗去泥土。

从起居室、餐厅能看见玩耍空间

除了儿童房，还设计了能从起居室出入的玩耍空间。墙边安装了桌子，便于画画。地面铺的是软席，客人留宿时也能当作客房使用。

打造无须孩子收拾的空间

最让孩子感到自在的事情，或许就是能把所有玩具都摆在面前，还不会被骂“快给我收拾干净”。但父母并不想要封闭的儿童房，而是希望孩子能在视线范围内玩耍。因此，很多时候都会伤脑筋：“起居室、餐厅经常很乱……”

那么，试着把孩子喜欢的玩耍区与起居室、餐厅连接起来呢？安上推拉门，平时敞开，与起居室、餐厅形成一体式单间；来客人时关起来，便能隐藏凌乱的玩具。

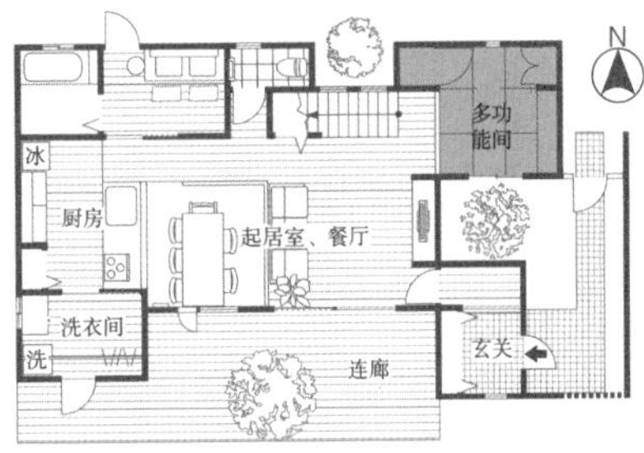

巧做不会完全暴露的布局

位于电视机后面与起居室相连的空间是这个家的玩耍区。根据地皮形状设计，与起居室形成“く”形，恰好位于最里处。即使凌乱也不必在意，孩子能自由自在地玩玩具。

从厨房越过餐厅便能看见露台。孩子特别喜欢在这里荡秋千。因处于住宅密集区，所以墙壁较高。

在厨房便能对连廊、楼上的情况了如指掌

对面式厨房位于楼层里处，站在厨房里，除了起居室、餐厅，还能看见露台，甚至三楼的个人房间。不论孩子在家中哪里玩耍，大人都能看见。

从厨房能一眼望见所有空间，亲子也能安心

能从公共空间看见孩子玩耍的情景，父母和孩子都会感到安心。待在厨房能一眼望见楼层整体时，即便继续做家务也能知晓孩子的状况。而孩子也不会有被人监视的感觉，可以自在玩耍。

因此，要把厨房与起居室、餐厅、楼梯开放性地连接起来，重要的是视野要开阔。从厨房还能看见平台、露台的话，孩子的游乐场便能延伸到室外。盥洗室、浴室也要靠近厨房，这样还能边收拾厨房边照顾孩子洗脸洗澡。

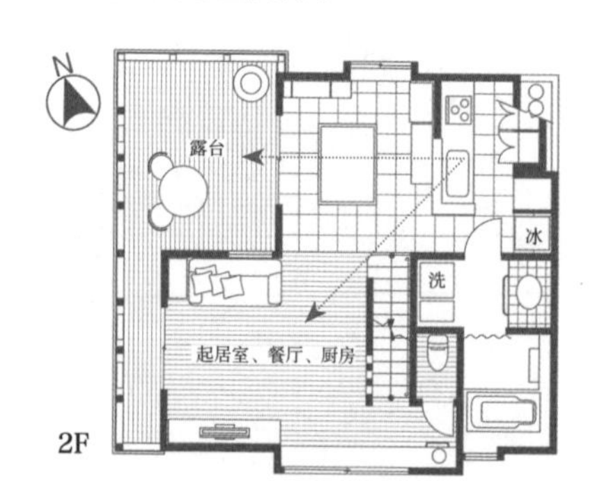

从餐厅、厨房能看见一直延伸到三楼的楼梯，畅享挑空设计的开阔感。儿童房和书房在三楼，厨房里的家人招呼一声，其他人便能听见。

起居室、餐厅面朝连廊。从大开口能眺望见翠绿的树林，环境优美。实心松木地板与连廊自然相接，增加了一体感。

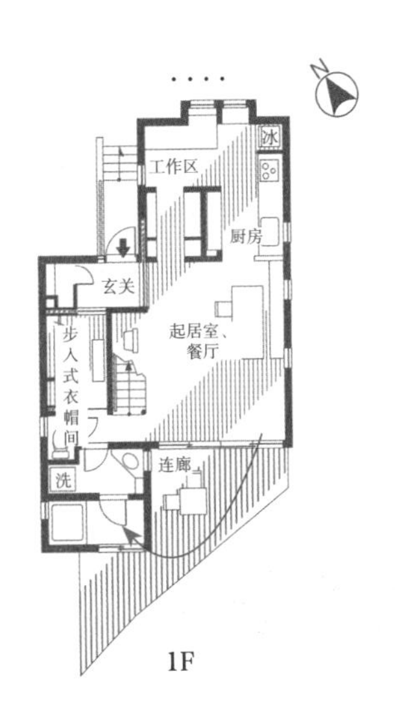

设置能从室外进出的浴室，畅快玩耍

如果您的孩子喜欢在外面玩，采用能从户外直接进入盥洗室、浴室的设计会大大方便生活。即便满身是泥也可以不经过室内直接洗澡。脏的衣物也能直接放入盥洗室的洗衣机内。

而且，把浴室布局在连廊旁边，浴室也变成了一个玩处。夏季，把儿童专用泳池摆放在连廊上，玩水之后直接洗澡，乐趣无穷。此外，如把连廊当作晾衣处就省去了搬运湿衣物的工夫，家务也变得轻松。浴室安装落地窗也有助于通风。

从宽敞的连廊直接进入浴室

孩子在房屋南侧的树林里奔跑游玩之后，从此处进入浴室冲澡清洗，浴室里还可以放置一个大浴缸，孩子能和小伙伴在里面游泳。

把室内外立体连接起来的洄游移动路线十分受孩子喜欢。上上下下、来回地奔跑，玩得很开心。

遮阳挡雨的舒适户外空间

连接着起居室的连廊有着大大的屋顶，遮阳挡雨的同时可以让人畅快地享受户外的开放感。关键是连廊和室内地板要在同一水平面上，孩子就会把它当作起居室的一部分。

打造室内外的中间区域

如果您希望增加孩子在外玩耍的机会，可以打造模糊地连接着屋内外的“中间区域”。比如，带有屋顶的连廊既可当作室内的延长空间，又可当作开放的室外空间。可以穿着鞋玩耍的土间同样如此。雨天也能使用，十分接近户外，增强了玩耍的自由程度。另外，可以从连廊进出的浴室也发挥了中间区域的功能。

相反地，“从这里开始属于屋内，从那里开始属于庭院”，这种明确分隔室内外的设计难以产生外出游玩的感觉。能把大人、孩子自然地引到户外的家才能让生活变得更加快乐。

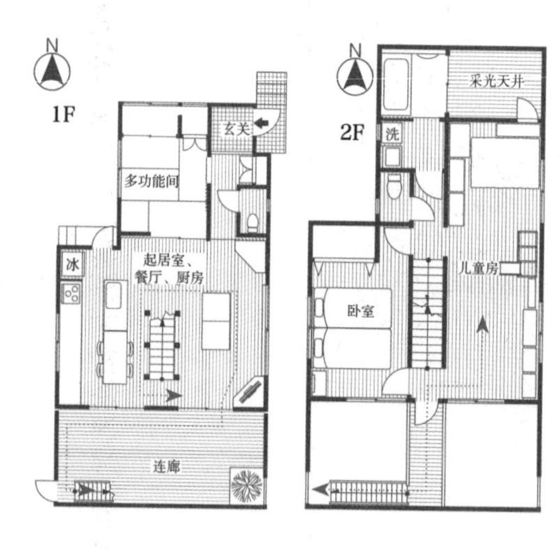

连接一、二楼的独特外部楼梯

连接着起居室的连廊有点类似舷梯的舰桥。从此处可以上到儿童房所在的二楼，挨着邻居的三面都用墙板围起来，屏蔽周围视线的同时可以自在地玩耍。

专栏 4

自由发挥想象，打造创意满满的楼梯空间

如果起居室位于二楼，那么在日常生活中，上下楼梯的次数便会大幅度增多。也就是说，如果将楼梯也变成一块趣味空间的话，生活会更加快乐。例如，四周被玻璃围起来犹如行走在空中一般的楼梯间，画廊风格的螺旋楼梯，紧挨着书架的楼梯，对照明、扶手十分讲究的时髦楼梯等。利用楼梯平台设置全家人共用的办公角、多功能杂用间也是有趣的创意。

把楼梯布局在起居室时，为了美化视野就要在设计上下功夫，可以使用螺旋楼梯或者骨架楼梯，对素材、细节部分要有所讲究。柔和的阳光越过楼梯从楼上倾洒下来照耀着楼梯，这样的设计是室内装饰的亮点所在。楼梯仅用来上下的话就太可惜了，活用楼梯的特性自由发挥想象吧，只要下功夫就能打造出意料之外的快乐空间。

螺旋楼梯一直从一楼延伸到三楼，展现了原物体艺术。自狭缝窗户洒入的阳光照耀在白色墙壁上，透过骨架阶梯的间隙演绎美轮美奂的剪影艺术。影子随时间而变，上下楼梯也变得有趣起来。

从餐厅走向楼上的楼梯变成了单调墙面的一景。自高侧窗洒入的柔和阳光照耀着楼下，一片安宁。下面的台阶可利用为长椅，十分便利。

扩展楼梯平台的纵深，安装上书架和书桌就是一角小书房。从一、二楼皆能进入，从厨房也可以看见，使家人之间的沟通变得更加方便。

一般来说，我们会用墙壁把楼梯分隔开来，而该住宅把墙壁变成书架，从一楼一直到三楼都摆放着书籍。"随时随地读自己喜欢的书"，对于爱看书的人来说这就是理想的图书角。

在厨房里快乐烹饪

每天都要使用的厨房不仅要设计得美观大方，更要用着顺手。下面将从厨房的整体布局来总结易打扫、易收拾的要点。

小窗户也是一个设计要点

与餐厅之间采用了老式的室内窗。待在厨房做饭时也能看见餐桌。出入口的形状并不规则，就像随手画的一样。地板铺有瓷砖和大理石，室内进行了细致的装饰。

供专注于烹饪的人使用的独立型厨房

和家人朋友围绕着开放式厨房相互交流的设计固然引人注目，但封闭式厨房也有着很高的人气。理由就是用着顺手，不必担心水或油烟弄脏餐厅；烹饪工具能随意摆出来，便于集中精神烹饪。不会被客人看见里面的布局，能将厨房功能发挥到极致。

而且也有人说：“紧凑的独立型厨房就像驾驶舱一样操作便利。”过于宽敞的厨房会使走动的路线变长，反而不利于使用。功能全面的小空间则能缩短走动的距离。

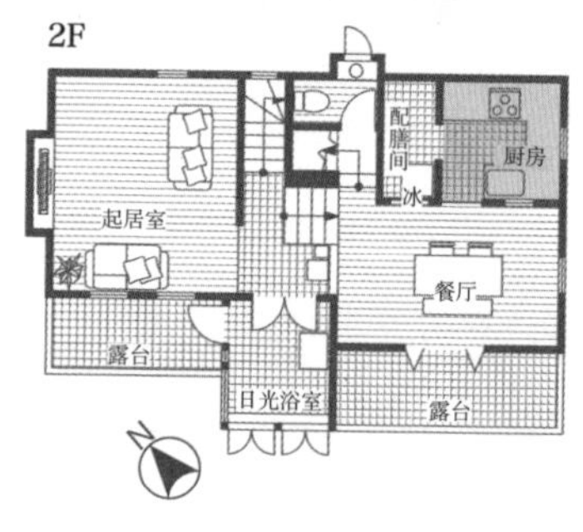

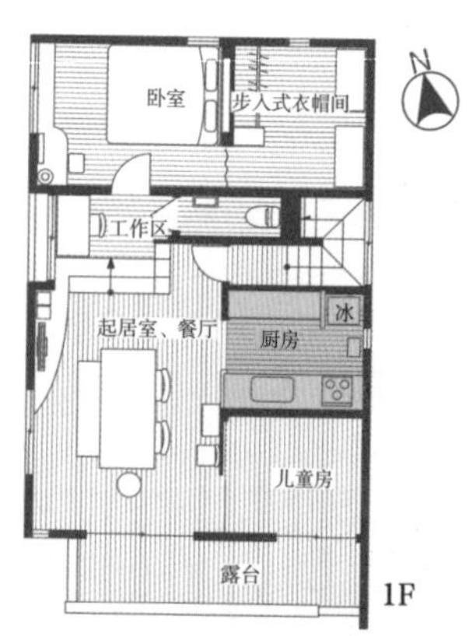

面阔较宽的独立型厨房更容易布菜

厨房从餐厅独立出来，出入口为开放式，比较宽敞，能顺畅布菜和收拾碗筷。四四方方的开口令人印象深刻。

让大家一起享受烹饪乐趣的开放式厨房

厨房设计根据享受烹饪的方式而定。认为“厨房就是端出美味料理的后台”的人适合使用独立型厨房，而认为“厨房是大家一起享受烹饪乐趣的舞台”的人适合使用开放式厨房，将操作台居中的岛式厨房就是其中的代表。在洗涤槽的前面设有宽敞的操作台，操作空间便能变得宽裕。开放式厨房需要注意的是如何不让油烟、腥臭味在室内扩散。可以考虑安装高性能的换气扇。

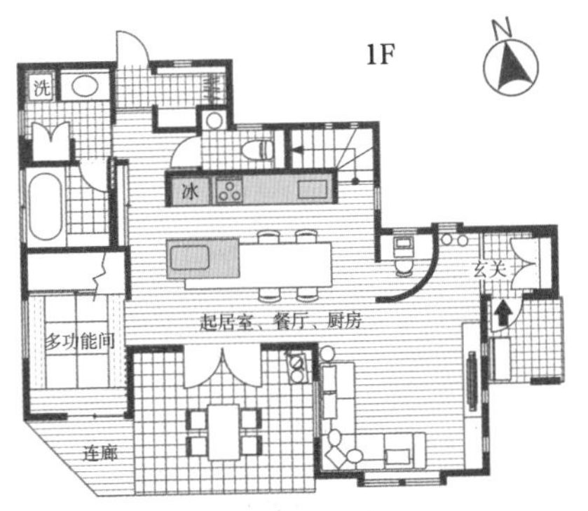

位于房屋中心的岛式厨房

岛式厨房与餐桌形成一体，布局在房屋中心。家人、客人能自然地聚集在此处。大理石台面和旧木材餐桌营造出了温馨空间。

无空间浪费、功能齐全的Ⅰ形、Ⅱ形厨房

如果房主没有必须采用“L”形操作台的要求，推荐采用简洁的Ⅰ形厨房设计。Ⅰ形厨房是指洗涤槽、灶台、冰箱等排成一排的设计。只需横向移动便能完成家务，并能节省空间，适于狭小住宅使用。Ⅱ形厨房是指在厨房的背面设置橱柜或操作台，一回头便能拿到所需物品，提高烹饪效率。两种类型都与“L”形、“U”形厨房不同，操作台下面不会变成死角，可起到收纳的作用，不浪费空间。

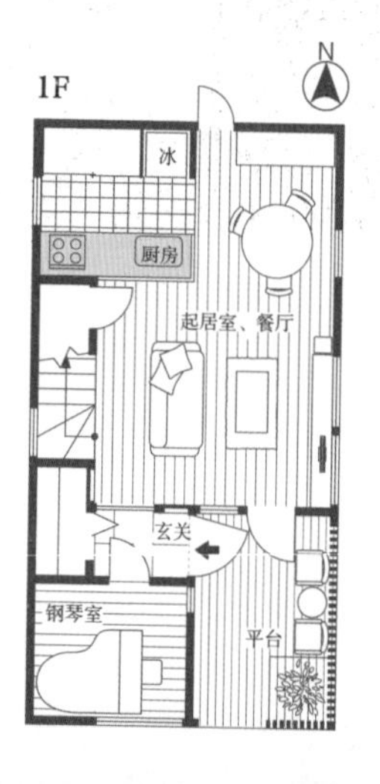

高效做家务的Ⅰ形布局

简洁的纯白色Ⅰ形厨房。和餐厅之间立有挡板，完全遮挡住烹饪工作。安装长横杆，便于拿取常用物品。洗涤槽下面是开放式空间。

在背面设计了安有推拉门的收纳空间。不做家务时便关上，看起来像围墙一样十分整洁。除了食品还能放入微波炉等烹饪电器。

便捷的低吊橱

整体橱柜的吊橱大多数都挨着天花板，没有脚凳的话根本够不到上面的架子，使用起来很不方便。

在此推荐的是低吊橱。每层架子都能够得着，拿取、收拾都十分轻松。高度标准是与操作台相距40~45cm。那么烹饪时会不会碰到头？有人会这么担心。可以实际站立试一下，如果柜门在视线下方，那便不会碰到。

尽情享受高度适中的吊橱

吊橱不仅容量大，而且高度适中。烹饪的中途能轻松拿取物品。

背面操作台一侧安装低吊橱

厨房有5m多高，采用了挑空设计。宽敞的墙面上安有触手可及的吊橱。没有拉手的现代化柜门设计看着简单大方，和操作台、收纳柜一样都是请细木工匠打造的家具。

打造能灵活变化的厨房

在规划厨房的收纳空间时，一般以现有的餐具、烹饪工具以及调料的种类、数量为基准来定面积，但如果过于局限，以后会渐渐变得拘束。因为不知道以后生活方式、兴趣会如何变化——或许会爱上腌制咸菜，或许会爱上制作点心。安装上无细小分隔的架子，或者把操作台下面一部分设为开放式，粗略地规划一下，以便灵活地应对将来的变化。

洗涤槽下面是用途多变的开放空间

洗涤槽和操作台下面是开放式。如果以后需要餐具干燥机，可以安装在操作台下面。现在暂时作为贮存食品的地方。

开放式收纳便于拿取

洗涤槽下面摆有垃圾箱，灶台下面是能放入平底锅等锅具的开放式空间。使用时能快速取出。

能够自由穿行的配膳间

在厨房的收纳规划中，配膳间的需求最多。食品、电热板、烹饪书等难以收纳在餐具架、操作台下面的东西，都能在配膳间整齐地存放。配膳间大多布局在厨房靠里处，但设计出与走廊相连的洄游移动路线，使用起来会更加方便。

如果厨房周围没有空间建造配膳间，可转换一下思维，把收纳空间设置在玄关、车库。因为如果要整理的是饮料、沾着泥土的蔬菜之类的物品，配膳间就没必要紧挨着厨房。

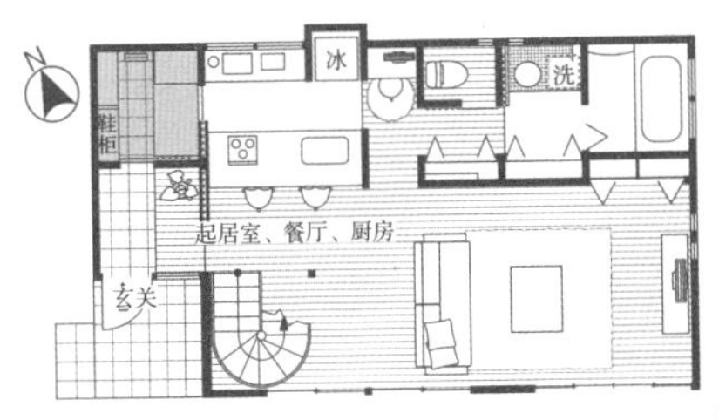

从玄关经过配膳间进入厨房

从玄关不仅能进入起居室、餐厅，也能经过鞋柜兼配膳间进入厨房。收纳空间紧凑，不浪费面积。购物后一到家就能够整理食品。

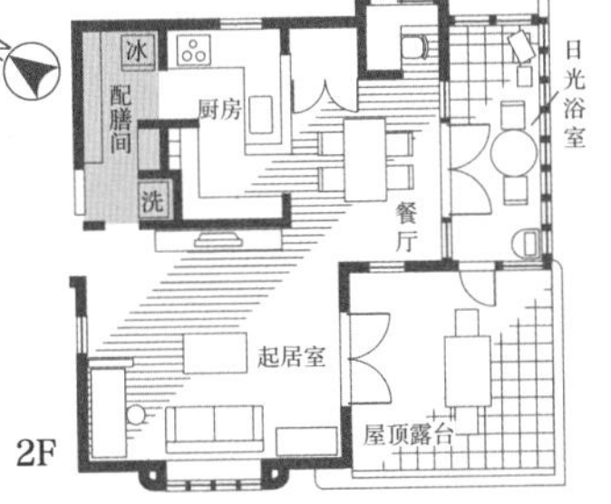

环绕厨房—配膳间—起居室

在厨房和起居室之间设有类似通道的配膳间。墙面上安有窄窄的架子，摆放的物品一目了然。厨房、配膳间的装修统一使用纯天然材料。

设置位于背阴方位的小阳台

厨房位于一楼时，如果设有后门便能立即来到屋外。但位于二楼的厨房就没有可以外出的室外空间。设置小阳台可增加便利性。晒抹布、保存冬季蔬菜、放垃圾箱，无论从哪一方面来看都十分有用。

从这些用法考虑，推荐把小阳台设置在背阴的北侧或东北侧。没有多余空间建造专用小阳台时，就在大阳台一角栽种上植物与其分隔，把里侧当作小阳台。如果可以从起居室、餐厅透过阳台和厨房后门看见小阳台的整体布局，可能会影响整洁感，所以尽量选择起居室、餐厅看不见的死角位置。

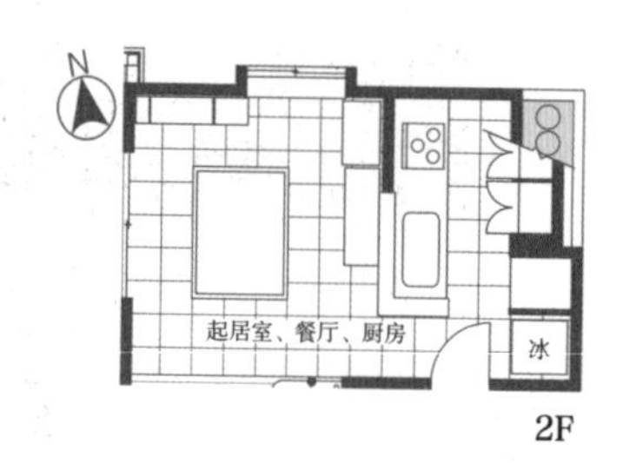

设定垃圾箱专用的户外空间和窗户，增加便利性

把摆放垃圾箱专用的小阳台设置在厨房背面，窗户大小为能拿取垃圾箱的最小限度。这种设计的优点之一是外人难以看见垃圾箱。上边可以有效利用摆放餐具的收纳空间。

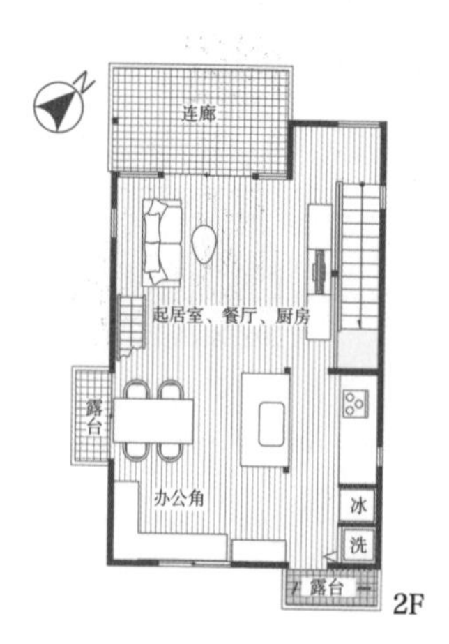

出入口也有助于厨房的通风

小阳台位于厨房里处。面积虽然有限，但可以摆放垃圾箱。打开推拉门，清风从对面的落地窗迎面吹来，做饭的心情一下子变得舒畅起来。

专栏 5

精选每天都会触摸到的零件

厨房和盥洗室使用的五金配件、推拉门上的门把手等，是日常生活中全家人都会触摸到的零件。这些细小零件多数是在设计的最后阶段才决定款式。所以在预算有限的设计规划中，大多数人都不会在意称手程度、设计等方面，而选择了廉价品。

但是，正因为它们是一天之中会摸无数次的零件，才不能马马虎虎地挑选，而应耐心寻找自己喜欢的样式。最好在实体店确认实际使用感觉，选择心仪的款式。这样每天用着也会很愉快，得到的满足感截然不同。即便价格有点贵，但从长期使用考虑绝对算不上奢侈。

白色的洗手槽与散发着美丽光泽的银色水龙头完美结合，成为时尚一角。

厨房的水龙头每天都会用到，所以选用了坚固、美观的产品。可抽拉式水龙头，便于清洗水槽内部。

打造能高效整理家务的家

做家务的便利程度决定着生活的舒适度。打造出家务移动路线最优的住宅，流畅地做好洗衣、晾衣、做饭、收拾碗筷等家务。

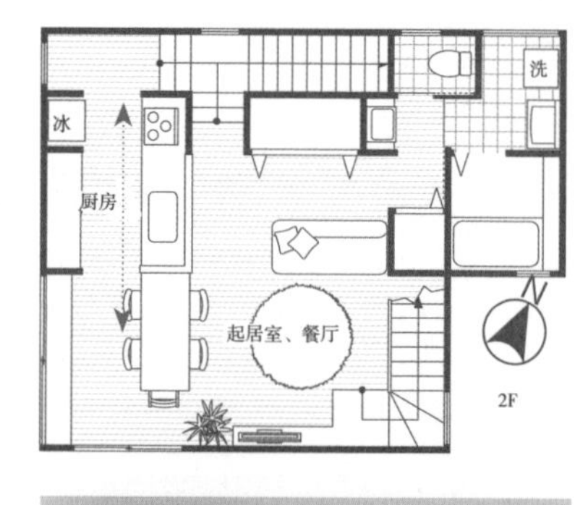

在整体厨房和餐桌上下功夫

在家具的摆放位置上动脑筋，使厨房用着更加顺手。将整体厨房与餐桌排成一排，厨房与起居室之间的隔断墙由细木工匠打造。

操作台和餐桌一体化的厨房

正面的操作台和餐桌一体化，家人可以轻松地帮忙烹饪。背面的操作台的一部分是办公桌，可供孩子写作业用。

缩短餐厅和厨房之间的距离

在隔着操作台便能看见餐桌的对面式厨房中，可以一边做家务，一边看着家人。但在这种厨房中，需要围着操作台绕来绕去，走动路线较长。

走动路线最短的布局，是把餐桌和操作台排成一排。仅需横向走动，便能上菜、收拾碗筷，而且一样可以与坐在餐桌旁的家人自然地交流。

因为是开放式厨房，操作台的设计和材质都要讲究一些。如瓷砖、石材、钢板等都是可以考虑的材料。

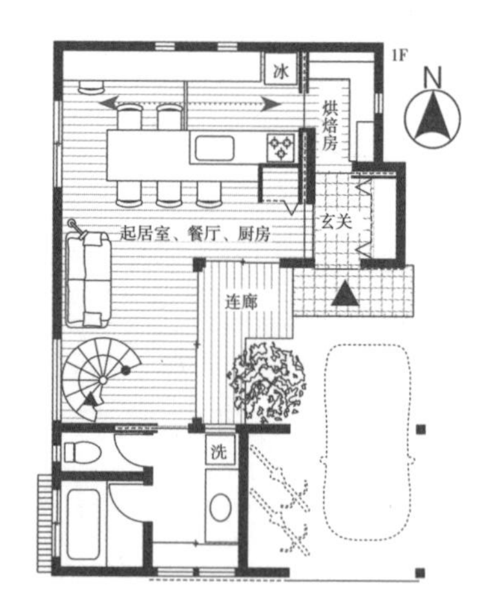

用最短距离连接玄关和厨房

进入玄关，面前就是厨房。厨房门是推拉门，来客人时关上门便能巧妙地遮挡起来。厨房操作台铺有瓷砖，还原天然本色。

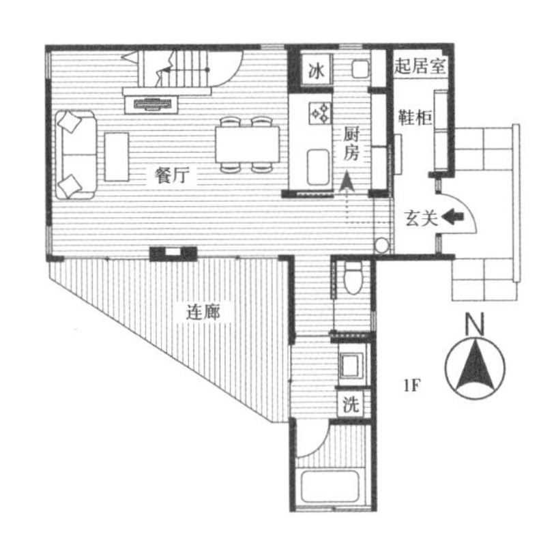

不经过起居室、餐厅，直接从玄关进入厨房

独立型厨房位于一楼时，从玄关直接进入厨房会使生活变得便利。从玄关必须经过起居室、餐厅才能进入厨房的设计无形中加长了购物回家后归置东西的移动路线。而且家人与客人面对面不免会感到尴尬——买菜归来的家人拎着菜从客人面前经过……大家都希望能避开这些场景。可以的话，为厨房设置两个出入口，一个在起居室、餐厅一侧，另一个在玄关一侧。此外，厨房设有后门，能从车上直接把东西搬进厨房的设计也极其方便。

确保能洄游玄关—盥洗室—厨房的移动路线

除了从玄关进入起居室、餐厅、厨房的移动路线，还有第二条移动路线，即经过盥洗室进入厨房。打开推拉门，往返之间也变得顺畅起来，提高了干活效率。

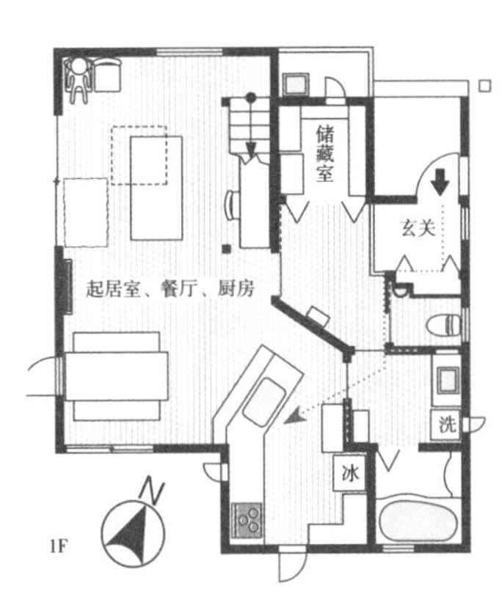

用短移动路线连接二楼个人房间与厨房

从卧室出来下了楼梯直接进入厨房，自然地连接起这条移动路线。也便于从厨房呼唤待在二楼儿童房的孩子下来吃饭。操作台采用了“L”形不锈钢台面，能充分享受制作点心的乐趣。

缩短楼梯到厨房的移动距离，轻松准备早餐

我们容易忽略的是一楼厨房与下楼梯口的位置关系。这条移动路线距离越短，早上做家务或整理装束就越轻松。从二楼下来立马进入厨房，缩短移动路线，要点在于把厨房布局在下楼梯口附近。

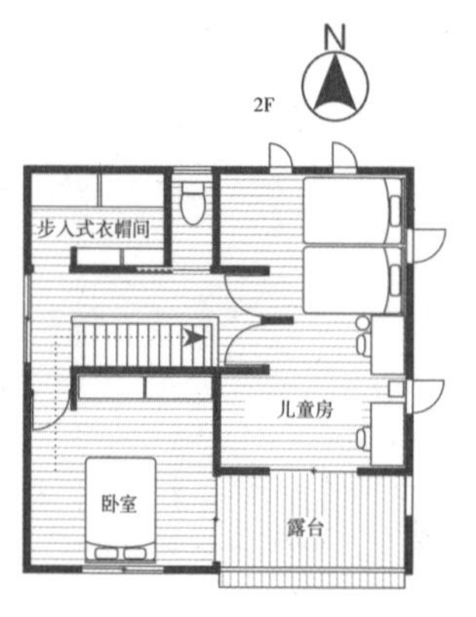

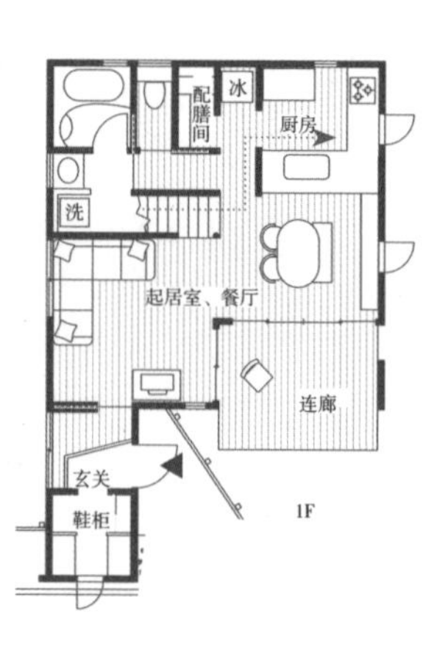

经过起居室、餐厅、厨房进入个人房间的设计增加了家人之间的接触。楼梯统一为深色系，大方雅致。

便于收纳常用物品的开放式搁板

从收纳空间拿取物品时，需要做“打开柜门或推拉窗—寻找—取物—关柜门”这一连串动作。

如果能省去这些动作，做家务就轻松多了。所以非常推荐开放式搁板。搁板不宽，东西不会重叠，对摆放位置一目了然，轻松拿取。餐厅也安上开放式搁板的话，可以摆放喜欢的餐具、烹饪工具，装饰的同时又能作收纳用。

支撑搁板的五金配件的设计也是室内装饰的亮点

朴素的五金配件和搁板在纯白色马赛克的墙壁映衬之下散发着温馨的光泽。可随意地在上面摆放常用的玻璃容器、碗钵。

朴素的开放式搁板可作厨房收纳用

活用厨房墙面，安装开放式搁板。朴素、天然的设计衬托出了摆放在上面的杂货的魅力。

摆放设计美观的厨房杂货

除了摆放从旅游景点带回来的心仪的餐具，还可以选择咖啡壶、微波炉、烤面包机等外观设计美观大方的电器陈列在开放式搁板上。下面的抽屉里摆放着常用餐具。

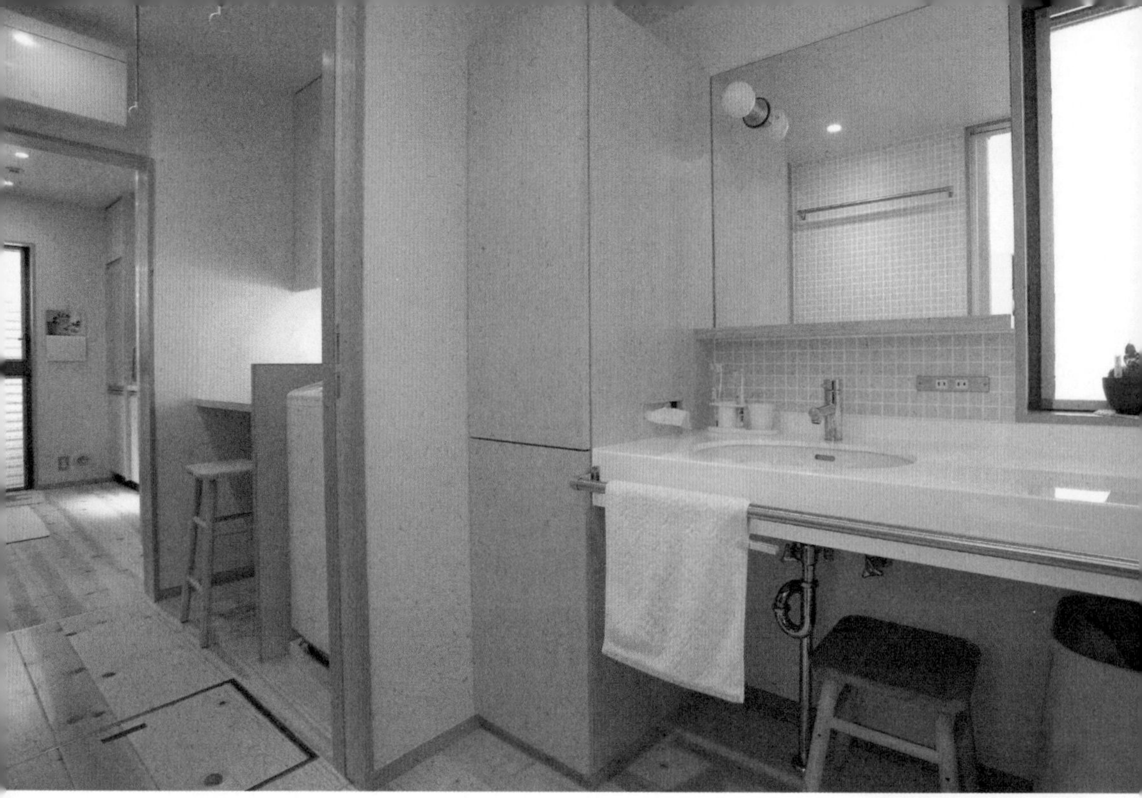

把做家务的空间布局在一条直线上

把厨房、摆放洗衣机的杂物间、盥洗室、浴室布局在一条直线上。料理、洗衣、熨衣、帮孩子洗澡等家务在这里便能全部完成。

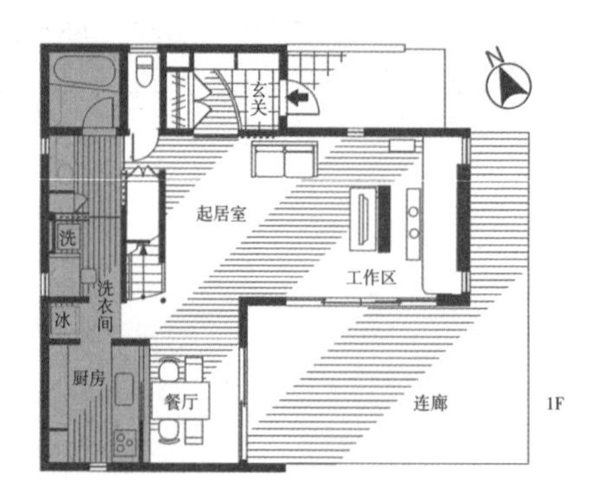

厨房是行走方便的Ⅱ形设计。水房相互聚拢在一起，上下水管道集中配管，减少了施工成本。

使水房靠拢在一块，多项家务同时进行

紧凑布局家务空间，把厨房、盥洗室、浴室靠拢在一块，可以同时完成多项家务。一边做饭一边洗衣，顺便帮孩子整理装束，“一心多用地做家务”可以有效节省劳力。此外，还推荐在厨房和盥洗室之间配有杂物间的设计。

厨房与盥洗室直接相连，而且两个方向皆能穿过，不仅缩短了家务移动路线，也避免了家人在盥洗室拥挤的情况。

洗衣间外面就有晾衣露台

该住宅二楼配有露台和洗衣间。从洗衣机前面再向外迈一步就能晒衣服。在房檐下方也安有晾衣竿，预防阴雨天。露台的盥洗台用着也十分顺手。

缩短洗衣机—晾衣处—衣帽间的距离

提到安装洗衣机的地方，多数人想到的是安装在盥洗室或厨房的旁边。这是重视“在哪儿洗”的设计方式。除此之外，还可从“在哪儿晒”出发来考虑安装场所。衣物洗干净之后含有水分，比清洗之前更重，增大了搬运负担。如果洗衣机在一楼，而晾衣处在二楼，就必须拿着重重的衣物上楼。所以把洗衣机安装在露台附近如何呢？如此一来，就把搬运湿衣物的距离缩到了最短。而且，卧室、儿童房也在同一楼层的话，归置干净衣物也会很轻松。

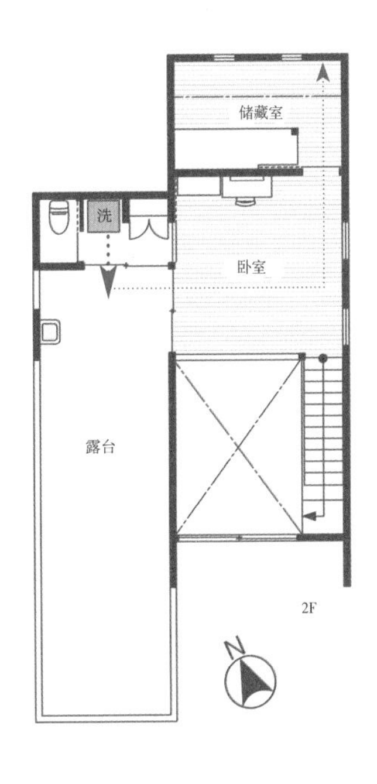

洗衣间和露台与卧室相连。在这里叠放收进来的衣物，并归置到卧室里面的储藏室。也能在露台轻松地晒被子。

专用的杂物间让家务变得轻松起来

打造时尚且带有日光浴室风格的杂物间。打开窗户，充足的自然风吹进室内，晾晒的衣物也会干得透彻。

提前规划好室内晾衣处

如居住在有梅雨季节的地方，需要考虑好室内晾衣间。不然的话，就要利用起居室等地的窗帘滑轨晾衣，房间会变得不清爽。

室内晾衣处的设计关键是打开窗户便能通风。拥有专用洗衣间最为理想，但也可以活用安有高侧窗、天窗的楼梯间或阁楼。另外可以使用折叠型晾衣竿，不用时就折叠起来，不会妨碍到日常生活。

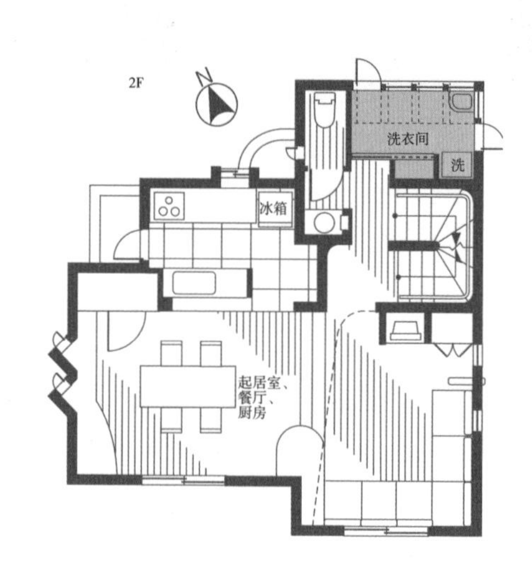

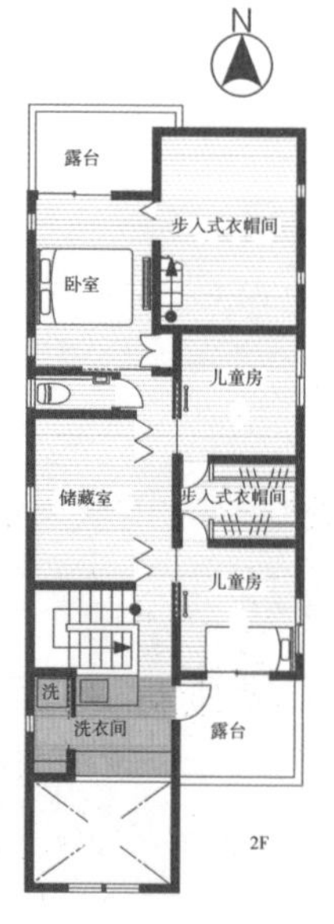

活用楼梯间打造晾衣处

在二楼的楼梯间安上长桌和晾衣竿，就变成了兼具晾衣功能的杂物间，在桌面上便能叠起晒干的衣物。利用挑空设计与一楼的起居室相连，巧妙地将晾晒的衣物隐藏起来。

专栏 6

设置屋外收纳处和自行车存放处

在规划住宅时，不经意之间便会忽略掉屋外收纳。在设计整栋房子的收纳空间时，即便细致地规划好在何处占用多大面积，多数情况下都会把屋外收纳放在最后规划。当然，也可以在后期设置成品库房。但如果是地皮不宽裕的狭小住宅，推荐把一部分建筑物用作屋外收纳处，打造出可以从车库进入的屋外收纳处，或者在玄关设置柜橱。规划好的话，还能收纳不合时令的纱窗。秋冬季节，去除窗纱的窗户看着更加明澈。

此外，提前规划好自行车存放处也是有必要的。很多人都对骑行运动感兴趣，越来越多的住户为此专门在三合土玄关打造了一片空间。

拥有宽敞的“L”形三合土玄关的住宅。不仅能把自行车放入屋内，还能放置手工制作工具、园艺用品，十分便利。里面安有地窗，十分明亮。

车库里面设有收纳库，能放置杂物。里面满满地塞着露营用品。雨天也能收拾，还便于从车上装卸东西。

扩展了玄关门厅，活用为自行车存放处。带有屋顶，不必担心风吹雨淋。玄关四周的设计充分利用了镀铝锌钢板的现代摩登感，看着十分雅致。

不凌乱、易打扫的家

收纳规划左右着生活舒适度。认真观察家人的生活方式和收纳习惯，考虑如何打造出好用、节约面积的收纳空间吧。

面朝厨房通道的固定式收纳空间

在连接餐厅和儿童房的通道配有收纳墙面。关上柜门，就像白色墙壁一样，即便里面放的是琐碎物品，外表也不会显得杂乱。

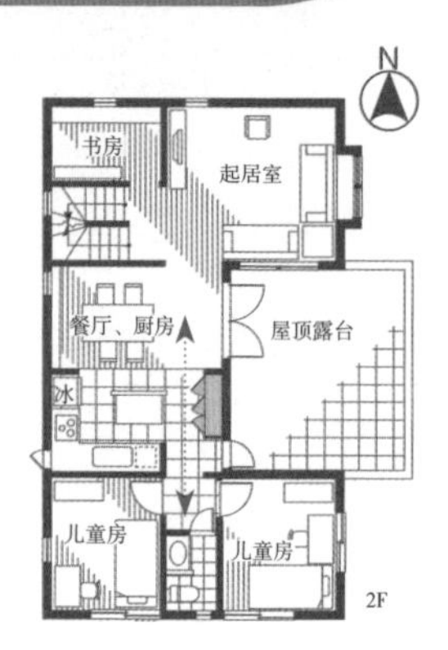

路过的同时顺便收拾

设计收纳的基本要素是考虑物品的使用频率。不经常使用的物品可以放入储藏室或库房，要用时去拿即可。而每天都要用的物品并不是去哪儿拿、去哪儿收拾，而是要在生活移动路线的中途便能整理收纳。

把收纳融入家人的移动路线中，来去的途中便能拿取、收拾起居室和餐厅周围的琐碎物品，十分便利。要点是思考如何将移动路线和收纳融为一体。

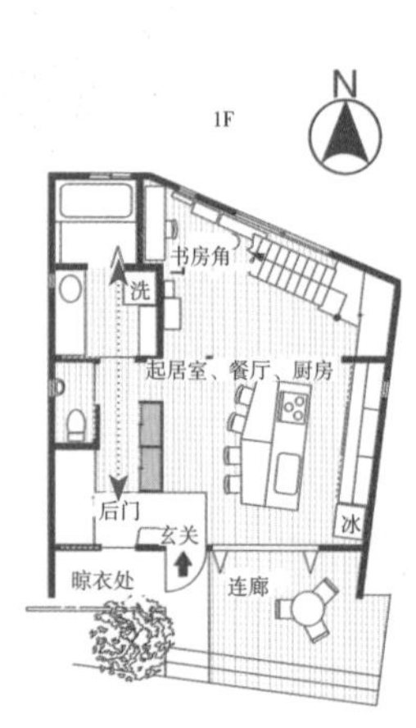

用衣橱连接玄关和盥洗室

回到家的家人从布局在玄关门厅的后门上楼，把外套放入衣橱，然后进入盥洗室洗手或者拿出换洗衣物再来到起居室、餐厅、厨房。将收纳规划巧妙地融入生活移动路线中。

有效活用跃层，打造地下收纳空间

玄关门厅和起居室、餐厅之间设有跃层。利用地基的深度和地板的落差，打造出了约7.2m²的地下收纳场所。抬起一部分地板便能进出。关闭时就感觉不到收纳的存在。

把储藏室和衣帽间布局在一条直线上

约13m²的收纳空间，设有可以从走廊、卧室两个方向进入的洄游移动路线，更加便捷。一家人的东西几乎都在这里。

设置一个储藏室收纳琐碎物品

在每个房间都设置琐碎的固定收纳空间要花不少成本。如果您希望用低成本就能打造出足够的收纳空间，那么就来做一个“常用物品储藏室”吧。它并不是存放闲置不用的东西，在每天的日常生活中，家人会在不知不觉中使用存放在里面的物品，这样的构造设计尤为重要。

测量好要摆放进去的家具的宽度，确定储藏室内部墙壁长度。比正方形稍微细长的设计不会浪费空间。如果家人们的东西较多，索性就留出10m²以上的面积吧。

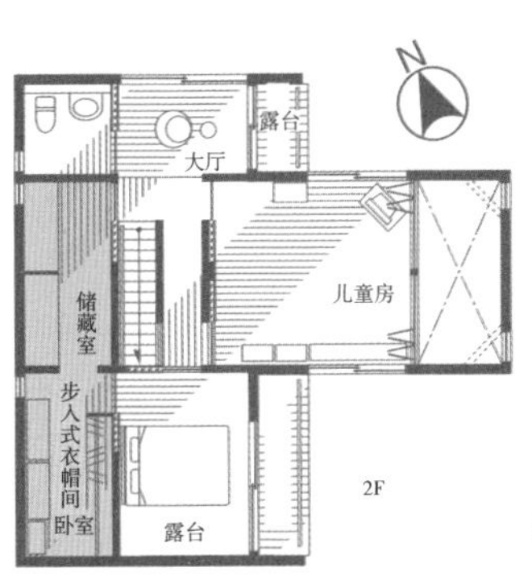

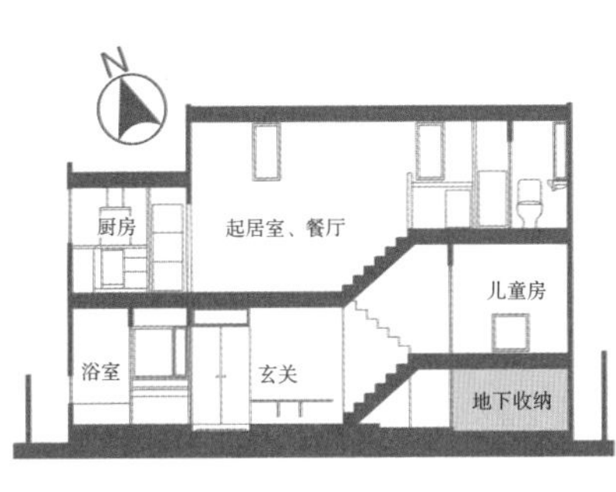

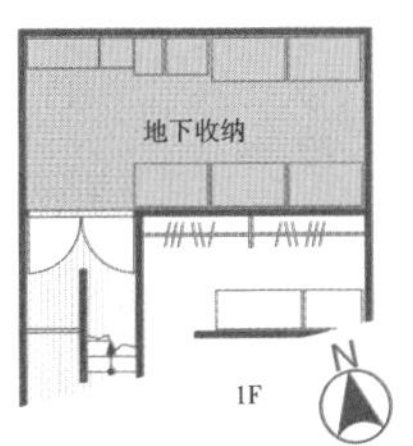

以地下收纳为基础来规划跃层设计

住宅很狭窄，为了能让家人们过得舒适，需要一个集中的收纳空间。一楼的北侧有一个顶高140cm、面积15m²的地下收纳空间。活用楼层的错位落差，设计成跃层式生活空间。

布局在玄关与盥洗室之间的衣帽间

家人一般是在外出前、回家后、洗澡后换衣服，于是将步入式衣帽间布局在玄关和盥洗室、浴室之间。无须特意到二楼拿取衣物，生活移动路线变得更加顺畅。

从宽敞的三合土玄关能直接进入两个收纳空间。图片正面的门里面是鞋柜，左侧是步入式衣帽间。

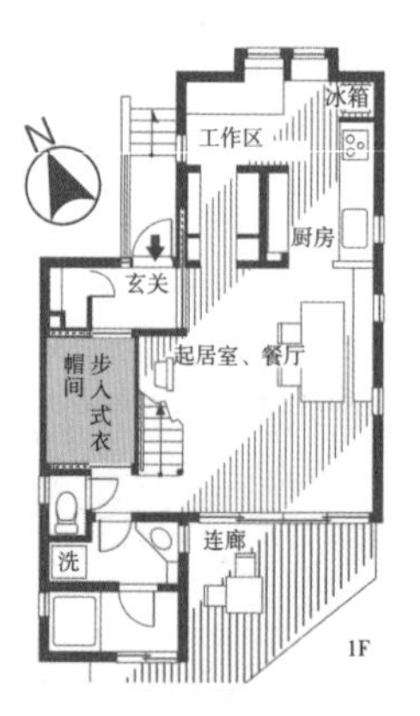

从衣帽间以最短的距离到达盥洗更衣室。窗户外面是连廊，充足的自然光透过窗户洒入室内。活用了角落空间的盥洗台的造型。墙面上安有开放式搁板，上面摆放着琐碎的洗脸用品。

自由发挥想象，根据生活方式规划收纳空间

收纳空间可分为“步入式衣帽间”“配膳间”“壁橱”等类别。但不应太过局限于这些。被褥放进壁橱、衣物放入衣柜、鞋子放入鞋柜……思维模式一旦固定，就无法自由打造收纳空间，无法根据需求增加收纳空间。

收纳空间说到底是“把需要整理的东西收拾起来的地方”。玄关处也可以放衣物、食品，壁橱里也可以放玩具和书。充分思考家人的收纳习惯，灵活转变思路。内部的搁板不要安装得过多，根据需要也可以购买抽屉等。

在起居室、餐厅打造没有压迫感的收纳空间

起居室、餐厅会摆放很多琐碎的生活用品，带有柜门的收纳空间能有效美化外观。不过，如果收纳空间高达屋顶，容易产生被柜门包围的压迫感。因此推荐高度适中的固定收纳空间，在消除外观上压迫感的同时，还能在上面摆放漂亮的摆件。

也可以大胆地在起居室、餐厅内设置小房间，把凌乱的物品都集中放在此处。只需关上门，起居室、餐厅轻轻松松变得很整洁，突然来客人时，也不用慌乱地整理。

高度适中的碗橱，上方可陈列装饰品

餐厅的墙面全部做成带有柜门的收纳空间，和天花板之间留有距离，不会有压迫感。上面装饰着摆件。柜门涂着白漆，让人感觉温馨柔和。

连接起居室、餐厅，兼作储藏室、工作区的小房间

书、杂志、玩具全都能收纳的便利空间。来客人时“暂且”放在这里，用整洁的起居室招待客人。关上推拉门，给人感觉就像墙壁一样。

把吸尘器收纳在最易脏的起居室、餐厅

吸尘器基本上每天都要用，多数人却会把它放在储藏室或者楼梯下面的收纳空间等地方。实际上，这样拿取时很费事。如果把吸尘器放在常用场所，随时拿取，便能减轻打扫的劳累感。

所以推荐在起居室、餐厅的一角留有吸尘器专用收纳空间。特别是有小孩子的家庭，小孩子吃饭时会把饭掉得满地都是，把吸尘器放在易脏的餐厅里，打扫时取用会十分便利。吸尘器机种不同，形状也各异，但基本上竖形宽敞的收纳空间即可容纳。

在餐厅里带有柜门的收纳空间摆放吸尘器

厨房和餐厅之间留有竖长的收纳空间，里面摆放着吸尘器。在发现脏乱时便能快速取出打扫，十分便利。

在起居室设置吸尘器专用竖形收纳空间

在起居室设有呈细长竖形的吸尘器收纳空间，吸尘器放在里面不会倾倒。和电视柜、吊橱的设计一致，由细木工匠打造。

旧式砖墙外观漂亮，大方雅致

灶台周围的墙壁是上海老式建筑所用的旧砖墙，灰色调看起来大方雅致，也不必在意油污。厨房台面使用的是大面瓷砖，接缝很少，易清洁。

铺有天然材料的厨房无须费力收拾

擦得锃亮的厨房固然漂亮，但逆向思考一下，打造一个“不锃亮却也美丽的厨房”，如何呢？

关键在于内部装修要使用天然材料。例如，灶台周围的墙壁铺上无釉砖，污垢就能自然地渗入其中，几乎不需要擦拭。和常用的厨房板材不同，砖是天然材料，与调料和油融为一体毫无违和感，更增加了一股生活气息。此外，如果采用实木材料，随着时间的变迁，上面有了损伤或污渍，也别有一番味道。

朴素、简洁的设计

明亮的天然颜色使厨房的搭配显得更加协调。台面铺有大理石，墙面是比利时红砖墙瓷砖。它能吸收油分，炸完东西后墙壁也不会变得黏糊糊的。

舒适、放松身心的浴室

缓解工作疲惫，开启清爽的全新一天，亲子亲密接触……浴室可谓发挥了各种作用。下面介绍打造舒适浴室的秘诀。

开阔感满满的浴室，犹如旅行一般

浴室的一面全是玻璃，与连廊相接。四周围着高高的栅栏，私密性佳，感到放松、自在。与连廊之间留有落差，给人以酒店般的奢华之感。

经过浴室连廊往返浴室与庭院

约7m²大小，从墙壁到地板、浴池都铺有瓷砖，是装修极为讲究的浴室。从浴室连廊能直接走到庭院。孩子在外面玩得满身是泥时，可以先用外面的水管洗干净脚，再从连廊进入浴室洗澡。

浴室与连廊高度一致，提升一体感

建筑物为“コ”形，浴室面朝着里院。可一边眺望着连廊与里院的景致，一边泡澡。浴室和连廊的天花板使用了同一种材料，高度也一致，营造出内外相接的宽敞感。

与连廊、里院相连，打造疗养风格的惬意空间

浴室的设计，由洗澡方式决定。“生活型”的人可以把浴室布局在起居室、餐厅、厨房或卧室旁边，内设整体卫浴，使用方便、易于清洁。而“休闲型”的人可以大胆划出一部分面积，建造疗养风格的浴室。例如，不将浴室布局在起居室、餐厅、厨房、卧室附近，而是将其与连廊、里院相连，并充分屏蔽外部视线。带着外出泡温泉般的心情去洗澡，出浴后一边饮酒一边纳凉，乐趣无穷。

不会感到狭窄的一体化单间布局

对于水房面积有限的狭小住宅来说，浴室和盥洗室无须分开，作为一体化单间共同设计即可。视线不会被隔断墙阻挡，所以即便各自空间狭小，也不会产生压迫感，能变成采光、通风皆优的水房。

地板、墙壁使用同一种材料，盥洗台台面也贴上瓷砖，营造出酒店般的大气感。可能有人会担心，水流到盥洗室的话怎么办？只要地板之间留出落差即可，中间用玻璃的墙或门相隔，明亮宽敞，还能阻挡水珠、湿气。

三合一式单间卫生间

盥洗室、卫生间、浴室融为一个空间，节省了面积和建筑成本。活用浴帘遮挡浴室水珠飞溅。外出归来，可从外面的连廊直接进入浴室。

大量使用大理石，打造出放松空间

朝南的浴室和卫生间，没有隔断，光线能照射到每个角落。地板和墙壁铺上了大理石，盥洗台台面由细木工匠打造而成。

利用固定窗将光亮引入盥洗室

盥洗室和浴室之间安有大大的固定窗。浴室窗户外面是室内露台风格的连廊，能有效地为两个空间带来光亮。水槽朴素大方，设计风格类似于实验室。

感受玻璃带来的宽敞效果

用视野通透的玻璃来分隔盥洗室、卫生间、浴室，三者犹如一个空间，天花板一直相连到里处，营造出视觉上的宽敞感。

用玻璃分隔无窗的盥洗室

水房设计的难点之一是如何保证采光。很多时候，盥洗室不与外墙相连，没有窗户。这种情况下，首先要为浴室创造出能充分采光的窗户，然后将浴室与盥洗室用玻璃分隔，这样每个空间都会变得明亮。“用玻璃分隔，洗澡时不就从盥洗室看得一清二楚吗？”也有人这样担心。实际上，洗澡时玻璃会因热气变得模糊不清，所以不用太过在意。

把窗户建在低处，营造放松感

为浴室换气、采光的窗户大多会布局在高处，但这么一来在泡澡的时候，视野四周全是墙壁，会让人产生犹如待在井底的压迫感。如果你想要宽敞、舒适的感觉，就尽量把窗户安装在低处，使视线能穿透到室外。最佳方法是沿着浴缸高度建造窗户。

窗户外面立有遮挡视线的栅栏，但可以和窗户稍微保有一定距离，在中间摆放上盆栽，营造里院一般的氛围。这样，窗户开着也能泡澡，可感受着来自室外的清风，享受露天温泉般的泡澡时光。

把厨房的小阳台与浴室相连

窗户外面是小阳台，窗户开着也能洗澡。从天窗倾泻而入的阳光令人感到舒适。假日的清晨泡个澡，舒适全身心。

欣赏连廊上的绿植，享受泡澡时光

泡在浴缸里时，眼睛正好看到摆放在浴室连廊上的绿植，一边泡澡一边享受室外的开阔感，可谓惬意。连廊下面的空间能活用为室外收纳，可以放置备用轮胎等。

从天窗采光

小窗和浴缸位于同一高度，可以一边眺望着连廊一边洗澡。连廊上种有绿植，不用走到室外便能充分达到治愈效果。只有小窗的话室内较暗，所以还利用了天窗达到采光目的。

感受木头带来的温馨感，尽情享受泡澡时光

浴室、连廊大量使用木制品，打造出舒适空间。围着浴缸的材料和地板都是耐水、不易腐烂的重蚁木木材，不仅防滑，寒冬季节踩上去也不会冻脚。

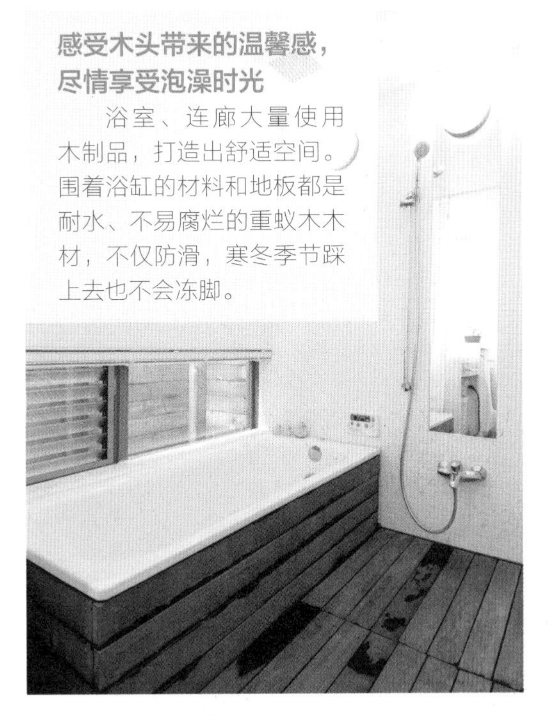

好用的盥洗室、卫生间

好用、舒适的卫生间在日常生活中为我们提供了便利。以盥洗台的设计为首，思考如何将其效用最大化，并思考如何规划起居室和卫生间的位置关系。

重视衬托瓷砖洁净的窗户布局

台面上铺有洁白的瓷砖，大量阳光从低处照入室内，使卫生间亮洁如新。透过窗户可以看见前面的道路，一眼便能望见孩子放学归来的身影。水槽下面架有一张搁板，是方便的开放式收纳空间。

尽情欣赏洗手盆的简洁和现代化设计

木质台面上放着容器式洗手盆，组成了简洁的盥洗台。稳定的光源从下方照入室内，便于化妆。卫生间和盥洗室合二为一，用着十分宽敞。

巧设窗户，获得理想的室内采光

要从采光、通风、防盗性、私密性等方面来选择盥洗室窗户的种类及布局。竖形的百叶窗防盗性高，通风效果也显著。但仅仅布局在镜子左右其中一侧的话，光源方向不均衡，不便于化妆。横长的高侧窗虽然能有效保护隐私，但位置过高，光线就会变暗。

那么，利用镜子和盥洗台之间的墙面开一扇小窗的创意是否合你心意呢？这样一来，盥洗台和台面能更加明亮，方便使用。阳光照在台面上的时候，也能更加衬托出素材细腻的质感。

功能齐全、紧凑的盥洗室

上图是兼顾化妆便利性的盥洗室。扩大了台面和镜子，背面有宽大的墙面收纳，里面放有换洗衣物。室内装修统一为白色，看着十分清爽洁净。

采用双盥洗台便于儿童使用

瓷砖色调单一却现代感十足。两个盥洗台款式不一，左边成人用，右边低一些的是儿童专用。两边都能照到镜子，个子还没长高的孩子也能轻轻松松地照镜子。

盥洗室里有足够的收纳空间，能轻松整理装束

采用了宽敞的“L”形盥洗台，便于洗澡、外出前后整理装束。墙壁上的开放式搁板上整齐地摆放着备用毛巾。镜子没有固定在墙壁上，而是随性地靠在上面。

充分明确盥洗室用途并活用于设计中

在规划盥洗室时，不仅要注重设计，更重要的是弄清楚“我想在这里做什么”。例如，要盥洗室兼做洗衣间，安装上盥洗台才是正解。要想放得下铁桶，就有必要升高水龙头的位置。要兼做化妆间，不仅要确保能容纳化妆工具的收纳空间，还要认真思考镜子位置、窗户布局等。如果有每天早晨洗头的习惯，那么附带淋浴器的盥洗台用着会更加方便。家庭成员多，盥洗台不够用的话，建议使用双盥洗台。

盥洗室与起居室、卧室相连，洗完澡后继续放松

先想好自己洗完澡之后喜欢待在哪儿、如何享受浴后时光，再规划盥洗室的布局。大多数人都喜欢换上睡衣，坐在起居室的沙发上边看电视边放松。也有人习惯在睡觉前洗澡，洗完澡后直接上床躺着。无论哪一种，只要能从盥洗室直接进入起居室、卧室，就十分方便。相反地，如果必须经过寒冷的走廊或玄关门厅才能回到房间，那么会有受凉的担忧。为健康生活着想，慎重规划设计方案。

从盥洗室经过衣帽间再进入卧室的设计

宽敞的盥洗室与步入式衣帽间相连。穿过衣帽间才能进入卧室。这样，不必在洗澡之前还得拿上换洗衣物，洗完澡可直接进入卧室。这条移动路线也便于早起整理装束。

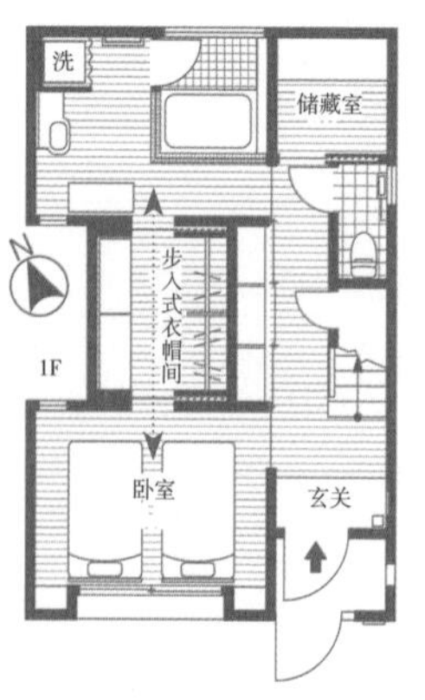

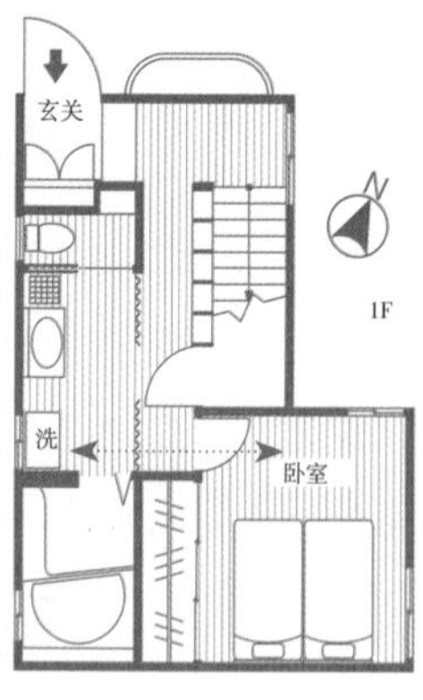

盥洗室、卧室紧凑布局的设计

从玄关门厅往里看，尽头是浴室，左侧是卧室。用白色窗帘分隔盥洗室和走廊。洗澡时拉上帘子就是更衣室。打开帘子，卧室入口就在眼前。

卫生间与起居室、餐厅、厨房保持距离

住宅移动路线分两种，一种越短越好，一种越长越好。家务移动路线要尽量短。而从起居室、餐厅、厨房到卫生间的移动路线要尽量长。使用卫生间存在声音问题，与起居室相连却仅用一扇门阻隔的设计无法让人自在地使用卫生间，客人使用卫生间时更是如此。因此，卫生间离起居室、餐厅、厨房不能过近，中间要夹着一个缓冲空间。如不得不把卫生间设计成面朝起居室、餐厅、厨房的布局时，可以从装修方面下功夫，使门的颜色、材质与墙壁一致，弱化其存在感。

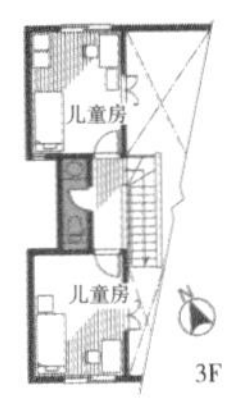

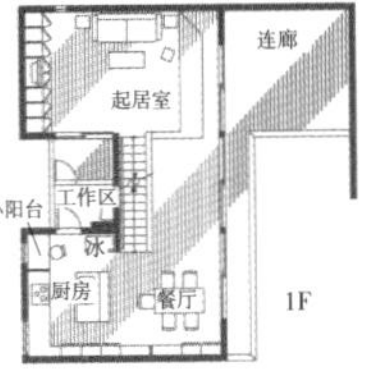

卫生间与起居室、餐厅、厨房分别处于不同楼层

该住宅有三层，一层和三层分别建有卫生间。起居室、餐厅、厨房所在的二层就没必要再设置卫生间。远离公共空间，家人、客人都能自在地使用。

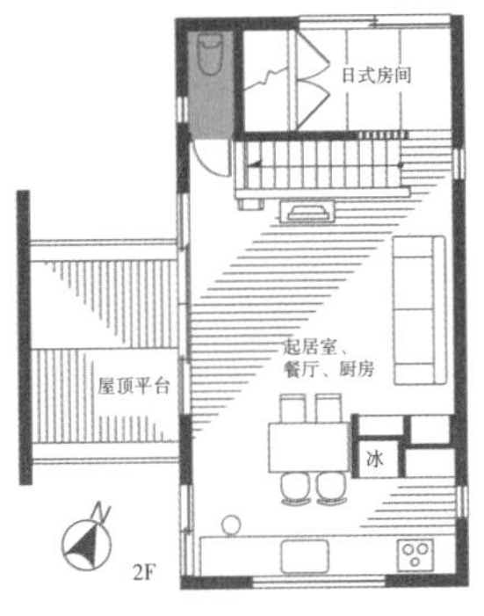

紧邻起居室、餐厅、厨房的卫生间要慎重考虑门的设计

正面黑色墙面最左端是卫生间出入口。虽然能从起居室、餐厅、厨房看得见这扇门，但因和墙壁为同一颜色，所以消除了存在感。布局在楼梯里处，与放松空间尽量地保有了一定距离。

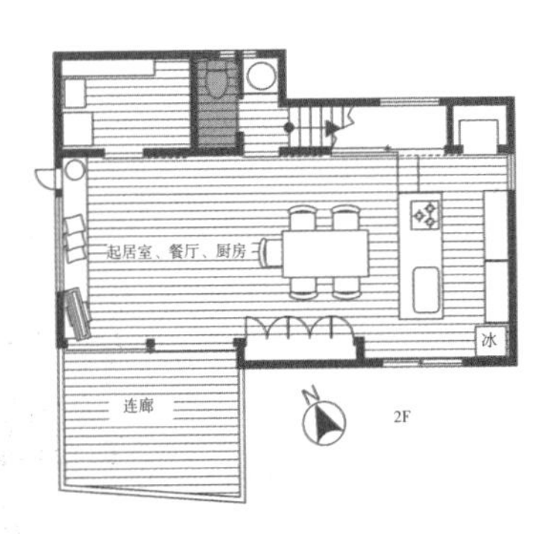

经由盥洗室进入卫生间

除了一楼的主卫，二楼起居室、餐厅、厨房旁边也有一个小小的盥洗室。图片左侧能看见卫生间入口。采用了先进入盥洗室才能进入卫生间的设计，从餐厅不会直接看见卫生间门。

夜间使用的卫生间尽量靠近卧室

从公共空间到卫生间的移动路线越长越能感到自在。但个人空间正好与其相反。从卧室、儿童房到卫生间的移动路线越短越能令人安心。最基本的一点就是“夜间使用卫生间时尽量缩短移动距离”。要考虑到孩子睡眼蒙眬地去卫生间，或者寒冬时节要受着冻去卫生间等情况。至少要避免还得上下楼梯才能去卫生间的情况，所以要布局在同一楼层。最好各楼层都配有卫生间，若只能给一个楼层配备卫生间，优先布局在个人空间所在楼层。

在个人空间所在楼层设有卫生间和盥洗台

该住宅主卧和两个儿童房都位于二楼。客厅面朝着挑空空间，内有卫生间。因此每个房间都能便捷使用。卫生间外面设有漂亮大方的附带底座的盥洗台。

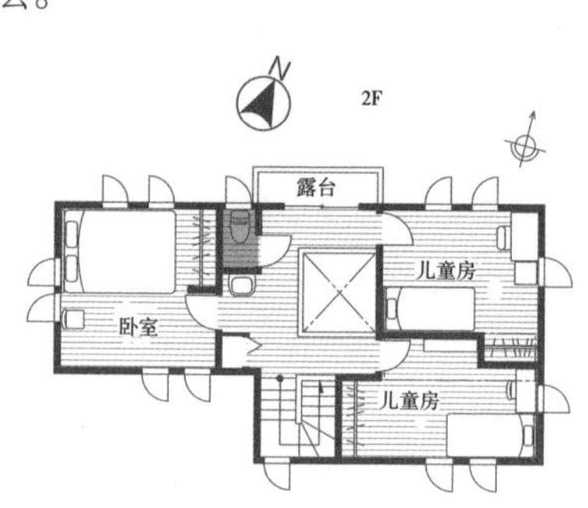

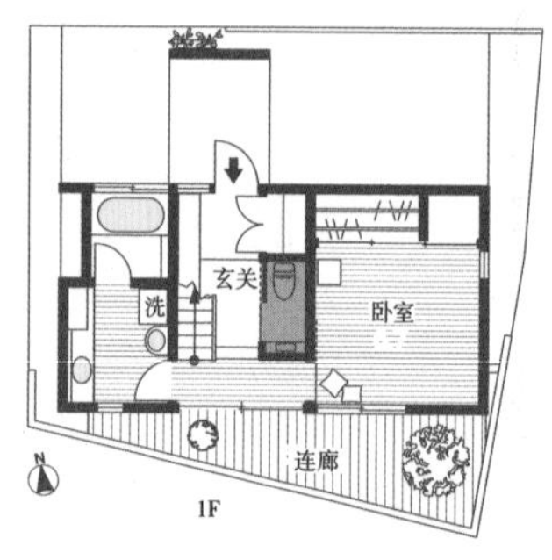

把卫生间布局在楼梯和卧室之间，缩短生活移动路线

全家只有一个卫生间，所以优先布局在卧室所在楼层。而且靠近楼梯，从二楼下来也能立马进入卫生间。

融入了挑空空间的盥洗台

楼梯上面的大厅设有家人专用盥洗台。利用墙壁的凹凸形状紧凑地嵌入进去。右门里面是卫生间。卧室和儿童房就在该楼层。早晨整理装束时非常方便。

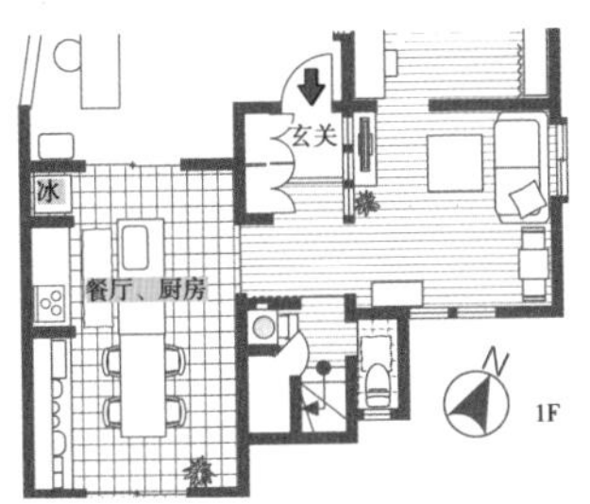

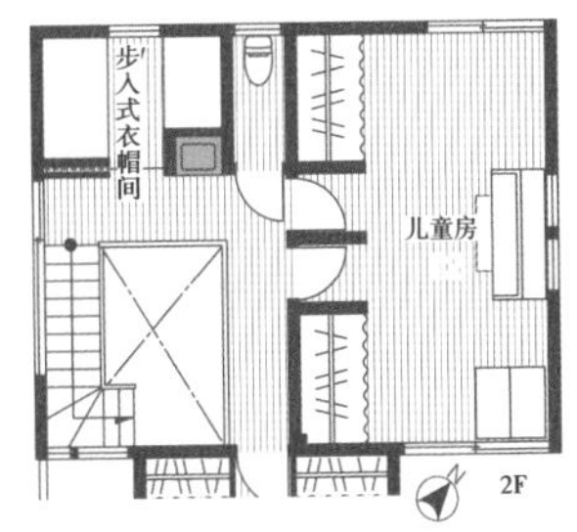

卫生间外面的盥洗台用途多样

有的住宅卫生间远离盥洗室，为了简单地洗一下手而在卫生间里设置了一个小小的盥洗台，但如果把这个盥洗台挪到卫生间外面，就能有更广泛的用途。

布局在卫生间里面的盥洗台大小有限，除了洗手之外几乎别无他用。有的人不习惯用从卫生间水管里面出来的水漱口，但只要把洗手池挪到卫生间外面，漱口、制作饮料时便毫无违和感。它还有其他各种用途，如洗抹布，孩子洗调色板，照顾患者时在这里清洗毛巾……十分便利。

家庭成员们都能从容使用的长桌式台面

个人房间所在的二楼有一个紧凑的卫生间。外面设有小小的洗手池。孩子在房间里玩得手脏了，就能在这里轻松洗手。长桌下面可安装收纳架。

设计既紧凑又独特的盥洗台

活用楼梯下面的空间，建造一个盥洗台，对面就是卫生间。女主人希望“能在某个地方打造一个独特空间”，于是建造出了有马赛克元素的个性空间。

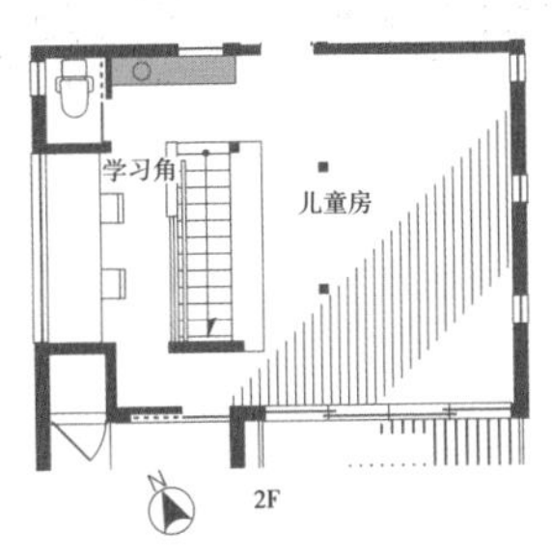

专栏 7

将家居梦想变为现实——女主人篇

将女性特有的讲究和追求应用于室内装修中，住宅会更具魅力。将温馨柔和的气息融入素材和设计上，创造出舒适、惬意的空间。

一定要有能够摆放心仪摆件的空间。根据装饰物来规划壁龛或者开放式搁架，美观的秘诀是和墙壁面积保持平衡协调，装饰架过多的话会显得杂乱。

人们喜欢使用古典雅致的小部件装饰房间，或者安装室内窗等。但这里需要注意的是协调感。不论什么样的装饰，适当应用才是正解。正如画装饰过多的美术馆令人无法静心欣赏一样，墙面上窗户或者装饰过多的家也无法令人放松休息。充分重视墙壁的存在感，然后再思考如何打造美丽空间。

化妆、给孩子换衣服皆能轻松进行的宽敞化妆间。胡桃木加天然大理石台面，打造出高端大气的空间。

用室内窗分隔玄关门厅与起居室。隔着玻璃能看到室内景致，就像商店的橱窗一样有趣。楼梯厅旁边的推拉门选用了日本古典样式。

厨房和餐厅之间嵌入了复古窗户，犹如咖啡厅一般。和安装在外墙上的窗户不同，它不会被雨淋湿，能放心使用典雅的木质窗棂。

参考了西方书籍而设计出的窗户。连续的竖长窗户令人联想起法国豪宅。利用墙壁厚度做出了外飘窗，上面摆有绿植、摆件。

壁龛里面安有照明灯具，衬托出摆件的美丽。在规划壁龛时，要考虑到它的大小，要点是左右两边的空白墙壁宽度是壁龛宽度的两倍以上。

餐厅里设有细长长桌，女主人是串珠编织家，这里便是她的工作室。装有串珠的小瓶摆放在开放式搁板上，也是值得一看的室内装饰。

这些复古、温馨的古典部件是逛了好几次商店才淘到的宝贝。彩绘玻璃（左）安装在玄关门厅。门把手和钥匙（中）安装在客卫。手感细腻的黄铜开关（右）用于餐厅。部件周围是硅藻土、油漆、实木门等，用的都是天然材料，与怀旧质感十分契合。

形状、大小各不相同的壁龛相互组合，装饰着复古小摆件。在规划壁龛时，首先用圆珠笔画出大致模样，在现场实际比对墙壁之后再决定大小和布局，这样才能顺利建造壁龛。

能睡得香甜的卧室

如何才能打造出能让人安然入睡的卧室呢？下面介绍窗户的尺寸、布局，照明灯具的配置等设计要点。

营造天然、舒适的睡眠环境

活用屋顶原本的坡度建造天花板，上面贴有松木横梁。地板也是松木地板，目标是打造出朴素、天然的空间。与步入式衣帽间相连，室内仅有床这一个大件家具，看着十分整洁。

尽情享受抹灰墙和高天花板带来的舒适

高高的单坡顶天花板充满了开阔感。粗粗的圆木横梁给房间增添了生气。请泥瓦匠用灰浆粉刷了墙壁。开灯后，墙上会出现恬静的阴影。床头是半椭圆形壁龛。

改造天花板形状，提升放松感

躺在床上时一定会看到天花板，若在这一点上开动脑筋，睡觉时的放松感便能有所不同。例如，为天花板添加上坡度，架上横梁，向上看时的开阔感大大提升，令人感觉犹如睡在山中小木屋一般。推荐将该技巧应用到儿童房中。像一楼卧室这种无法建造斜坡屋顶的房间，可以使一部分天花板留有落差，将床铺正上方对着的天花板提高几厘米，视角就能发生变化，创造出放松感。不过放松的感受方式因人而异，也有人觉得“卧室天花板低会睡得更香”。请根据自身情况来创造最优质的睡眠环境。

提前决定好床的布局，再来规划照明

伴随着孩子成长，儿童房的使用方式会改变。能改变家具布局的话更好，但一般主卧都不太变样，先决定好床和被褥的布局，再据此来规划照明。

例如，筒灯没有安在枕头的正上方，而是位于床脚上方的话，开灯的时候才不会晃眼。枕边安有壁灯的话，就要两边都能控制开关，这样躺在床上看书、半夜去卫生间时才更加方便。而且，喜欢把手机放在枕头边充电的人也要两边都有插座。

要细心考虑照明灯具的配置

筒灯位于床脚所对着的天花板处。躺在床上时，即便打开照明，光源也不会直接照入眼中。床左右两边对称地设有壁龛，两端均有插座。

床左右两边都有台灯

安装在墙面上的小方盒子是壁灯。光源不会侧漏，不会晃到旁边人的眼。在床的两侧墙壁上都设有开关板，便于对方睡着后自己这一侧也能操作开关。

把能调光的窗户设在低处

可以透过横长的窗户眺望窗外的绿景，令卧室犹如度假酒店般。通过开合设置，在窗户上的栅栏门可以调节室内光线。由于窗户面朝北侧，所以也能有效防寒。

把窗户、灯具安装在低处

窗户、照明灯具的配置与卧室的放松感息息相关，躺在床上时，视线会变低。所以，重心也要控制在低处。窗户尽量不要安装在床头部分，这样阳光就不会刺眼，室内也会变得恬静。还要缩小窗户和门的尺寸，尽量让墙面面积更大，这样会产生一种被保护的安心感。

在规划照明时可以参考酒店的设计，他们在照明方面下了很大功夫。仔细观察的话，便能发现每一种设计都把窗户和灯具设置在了低处。

在床头壁龛处设置通风口

除了墙壁上设置用来采光的窗户，还在床头壁龛两侧设置了外翻窗，睡着的时候也能保持室内通风。虽然窗户很小，但位置相对，所以能充分通风，用百叶窗遮挡外面的阳光。

建造夜间也能打开的窗户，防盗、通风功能兼备

漫漫长夜，比起采光，卧室的通风更为重要。为了防止湿气在室内积攒，也为了在盛夏以外的时节不开冷气也能舒适休憩，设置一个夜间也能放心打开的窗户如何呢？

保持打开状态也能令人放心的窗户是指外人难以侵入、防盗性高的窗户。特别是卧室在一楼时，选择百叶窗、竖长的外翻窗等人无法通过的窗户会令人感到安心。床头安有通风用的小窗，可利用遮帘等来调节光线。同样也推荐在天花板附近设置横长的高侧窗，因位置较高，人难以从外面进入，而且能将不太刺眼的柔光收入室内。

狭缝窗户不仅防盗性高还能确保通风

由于卧室位于一楼，考虑到安全性便建造了竖长的狭缝窗户，与室内装饰搭配十分协调。床头一侧的墙壁上涂有鲜艳的橙黄色，令人联想到香甜的芒果。

儿童房的布局要能灵活改变

能够根据孩子成长灵活改变布局的儿童房不仅使用方便，也是培养孩子创意的好地方。为他们打造出能开心玩耍、专心学习的自由空间吧！

孩子们喜欢带有阁楼的立体空间

孩子们很喜欢阁楼那种有高低差的空间，能上下爬梯子，再发挥孩子特有的奇思妙想，发现各种新游戏。屋顶的神秘阁楼、难以被发现的藏身之处，这种刺激感或许能激发孩子的冒险精神。

儿童房的阁楼不仅是玩耍空间，也能活用为床和收纳空间。面积狭小时，儿童房只留出能放下桌子的最低限度的面积，然后打造出能用来睡觉的阁楼。根据孩子人数来排列个人房间时，把阁楼连接起来，能增进兄弟姐妹之间的友爱。

带有阁楼的儿童房十分受活泼的孩子们喜欢

儿童房里面铺的是看似粗糙却十分舒适的复古松木地板，约7.2m^2大小，用阁楼代替了床。听说小伙伴来玩时都非常喜欢此处。阁楼设有通风用的小窗。

玩法多样的日式阁楼

从两个儿童房都能上到阁楼，面积约11.2m^2。铺有软席，孩子能骨碌碌地在地上翻滚，朋友来时也能借宿在这里。儿童房的地板使用的是舒适的松木材质。

阁楼下面能分为三个房间，这是可变性极高的设计

阁楼建造在儿童房上方，利用绚丽多彩的玻璃砖和精心挑选的灯具打造出快乐的空间。现在儿童房是一个单间，沿着阁楼两端立上墙壁就能变成三个单间。

能由孩子自己决定使用方式的儿童房

与露台相连的儿童房充满开阔感。孩子们可以互相商量，是要建成一个单间一块使用，还是分隔成两三个房间独立使用。收纳空间也建造得很方便。

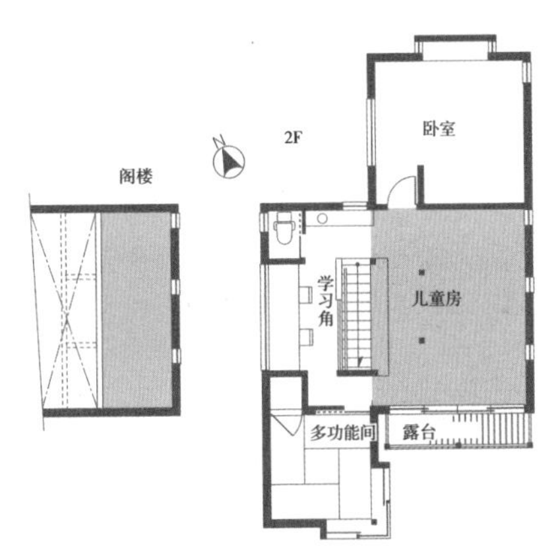

阁楼是一个连续的空间。在分隔下面的儿童房时，挑选出自己喜欢的部分，制作成木制扶手架梯子。

不安装家具，由孩子自由创造

儿童房是送给孩子的一份礼物。“我想这么用！想这么装饰！”孩子希望自由发挥想象力装扮自己的房间。所以，儿童房里不要放过多的家具，给孩子留有能够自己加工的余地。儿童房里的固定收纳空间也要限制到最小。自己定做的话，内部的搁板、撑杆要设置成可活动式。

让孩子们相互商量，自己决定房间的使用方法，他们会感到快乐。如何分隔，不分隔时如何建造宽敞空间，在何处收纳何物等，都由孩子自己决定，家长不要过多干预，这有助于孩子的自立。

五年后、十年后也能改变用法的卧室和儿童房

现在儿童房没有隔断墙，能充分享受宽敞舒适的空间。将来打算立上墙壁分隔成独立的卧室。提前建好窗户、备好照明，以便将儿童房分成两个房间。

把卧室和儿童房合为一体

很多家庭都是“虽然备有儿童房，但孩子还小，就和父母一块在卧室睡”。那么采用这样的设计如何呢？先把卧室和儿童房合二为一，等孩子长大后再用墙壁分隔。比起空置儿童房、卧室又狭窄的设计，倒不如将其合二为一，父母和孩子都能舒适地休息。

“这是儿童房，这是卧室。”不要像这样一成不变地决定房间用途，而是要伴随着成长交换房间。孩子还小的时候，把更宽敞的房间当作卧室，等孩子长大后再当作儿童房。把更宽敞的房间建造成能分隔的形式，这样家庭人数增加时也能有应对方法。

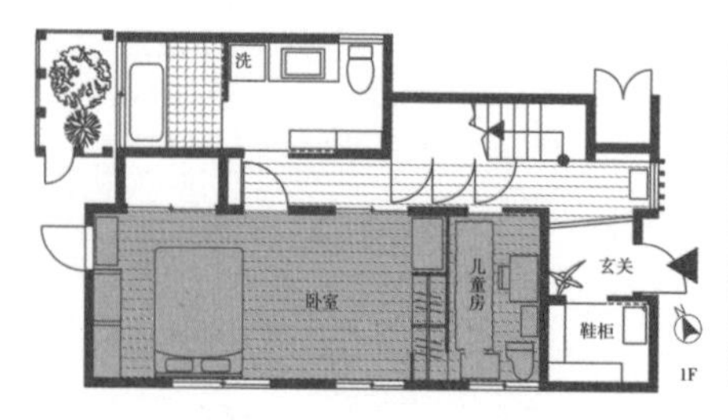

利用可移动式搁架自由分隔两个单间

用可移动式收纳架子把宽敞的单间分为卧室和儿童房。随着孩子的成长，自由改变空间大小。现在孩子还小，所以把卧室弄得更宽敞一些。

儿童房和走廊之间的空间用途多样

儿童房和走廊之间现在仅放有固定收纳架，将来可以立上墙壁，变成独立空间。到时候也可以根据家人关系和使用方法再改变形状，设计十分巧妙。

可分隔的儿童房，便于孩子独立后使用

单间的儿童房能分隔成两到三个房间的设计方案具有多项优点。除了孩子人数增加时能分成多个房间，还能在孩子长大成人、在外独立时轻松地恢复成单间，或者作为夫妇二人的工作室，使用方式多样。

分隔方式有多种，可以沿着梁柱立墙，或者设置收纳家具划分区域。设计的要点在于分隔之后各空间的功能尽量齐备。如果面积大小有很大差异，或者有的房间有窗户而有的没有，会难以让孩子们平等地使用。所以在设计时，要提前考虑到。同时也不能忘记各自的空间要有能控制照明的开关等。

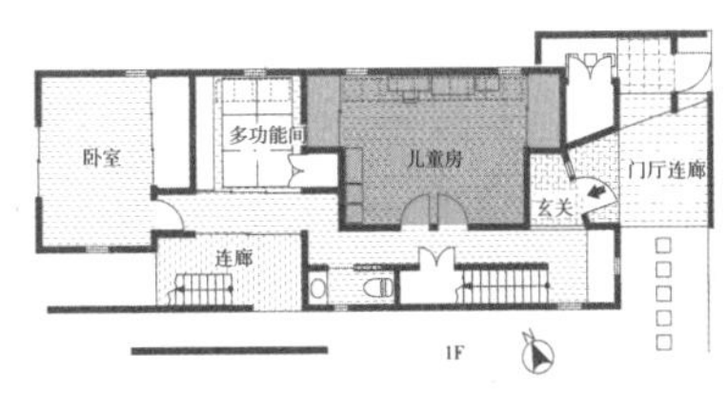

灵活利用买来的家具成品，以备将来之需

为了能根据孩子成长状况轻松改变布局，没有使用内置式家具，而是使用买来的家具成品。有两处门，将来需要变成各自的个人空间时，从中央分隔开来即可。

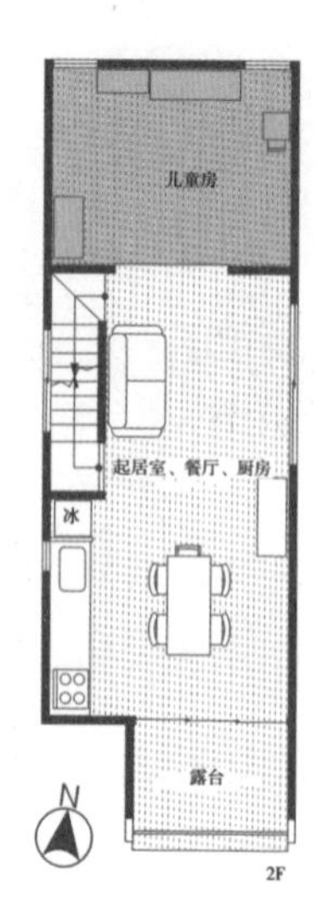

儿童房与起居室、餐厅、厨房相连。推拉门能推入墙壁里面，门完全打开时就像一个房间一样。

不要拘泥于“儿童房要朝南”

人们一般的想法是“儿童房最好位于向阳的南侧”，但有时因地皮条件限制而难以实现这一点。这时可以转换一下想法，打造出虽然不朝南但同样舒适的儿童房。

例如，把儿童房建造在北侧时，最需要注意的是防寒，可采用隔热性能高的窗户、地暖来充分防寒。实际上北面的房间具有一种独特的宁静，只要能有效防寒，很适合做学习室或书房。而且阳光无法直射，无须窗帘、遮帘便能惬意地居住。另外，在考虑到邻家窗户位置的基础上扩大开口，可防室内昏暗。

与起居室、餐厅、厨房相连的儿童房虽然位于北侧，但也足够明亮

儿童房位于北侧，相当于建筑物里处。但在其两侧设有开口直达天花板的窗户，空间足够明亮。为了能在将来分隔成两个房间，对称设置了窗户，也各自备有照明开关。

专栏 8

要注意生活中的声音

孩子来回奔跑的脚步声、淋浴声、洗衣机的转动声、卫生间的冲水声……生活中充斥着各种声音，正因为无法将它们表达到图面上，所以难以规划出应对生活声音的方案。

例如，三代人同住的住宅中，不能把儿童房、水房建造在长辈卧室的正上方。因工作关系，夫妇二人作息时间相互错开时，卧室和水房、衣帽间要保持一定距离，以防对方被深夜晚归、早晨整理装束时发出的声音吵到，必须设想出自己所在意的声音再规划设计方案。

把卫生间布局在起居室附近的设计方案十分常见。虽然家人相互之间不介意，但对客人来说十分不方便。对声音的敏感度因人而异，可回顾之前的生活，思考自己有没有十分在意的声音，这十分重要。

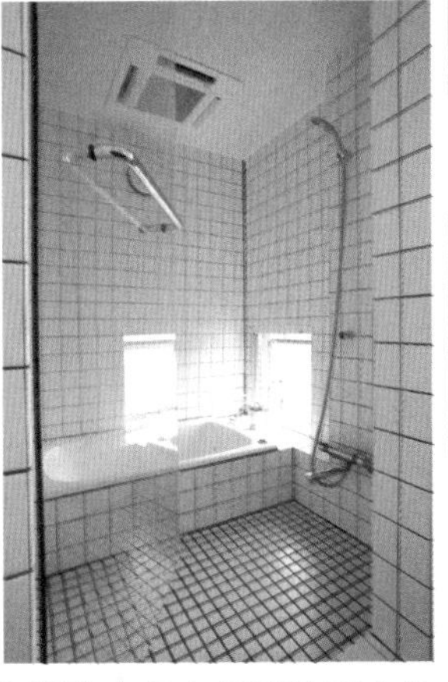

房主经常早出晚归。在盥洗室备有足够的更衣收纳空间，以便在冲澡、换洗衣服时不会吵醒家人。浴室离卧室有一定距离。

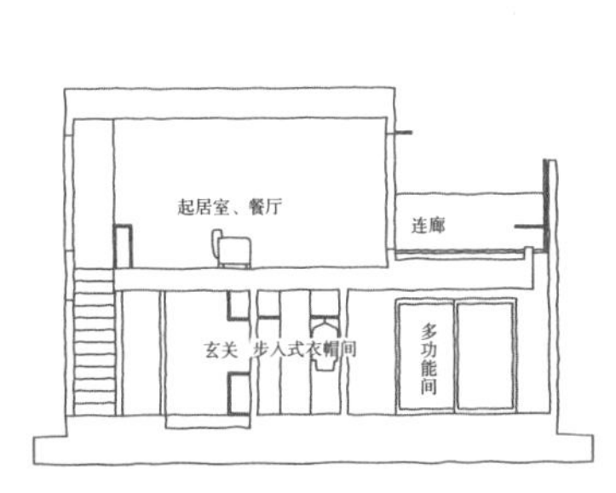

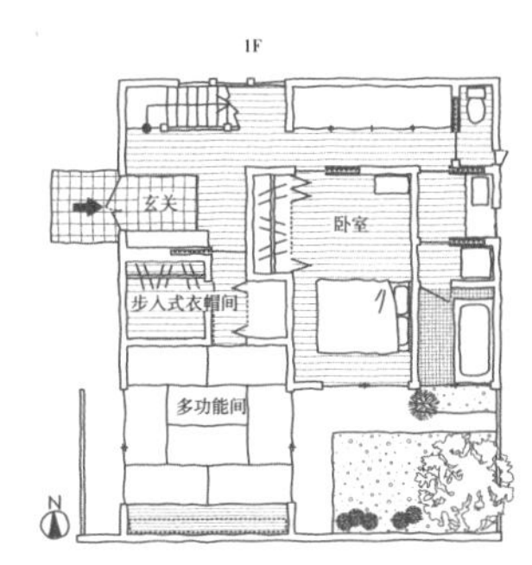

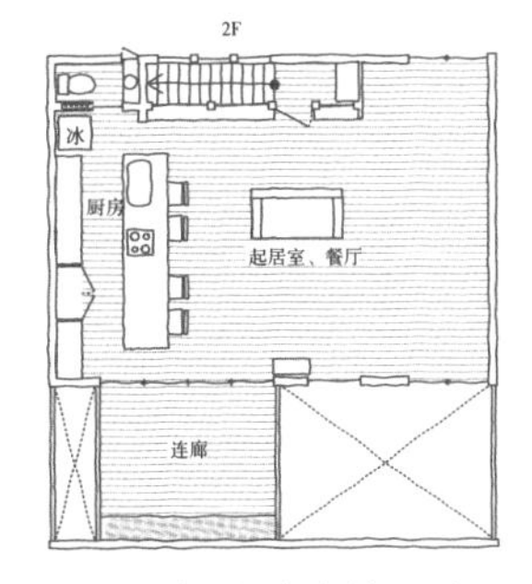

长辈的卧室远离二楼的起居室、餐厅、厨房，布局在了连廊的下面。一部分连廊地面也因此变成卧室的天窗。夜晚，当没有光亮从天窗洒下时就是就寝的信号。

用途多样的多功能间

若家里有一个多功能间，能为生活增添许多便利。当然不是那种仅用来待客的客房，而是更加灵活地发挥创意，打造成在日常生活中也能随意使用的多功能间。

利用跃层将多功能间连接在起居室里处

从起居室出来之后，下几层楼梯便来到了多功能间。因上面设有阁楼，所以降低了地板高度，反而营造出了一片宁静的空间。中间立有格栅，不经意间便划分好了空间。

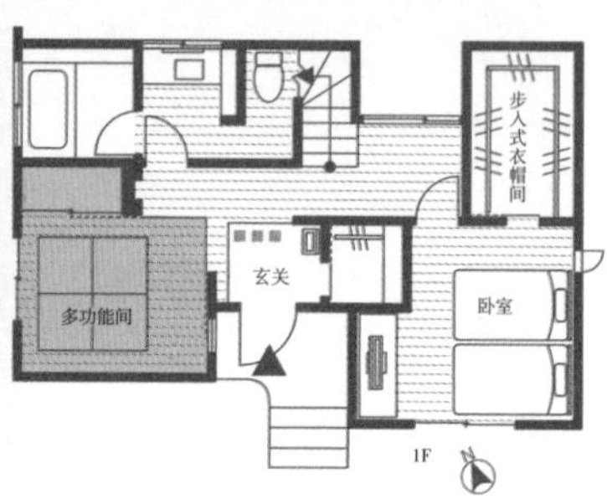

与玄关相连的多功能间

独立的多功能间不便于使用，所以采用了与玄关开放性相连的设计。平时就完全打开，必要时就关上吊门。没有门槛，地面与门厅直接相连，提升了空间的一体感。

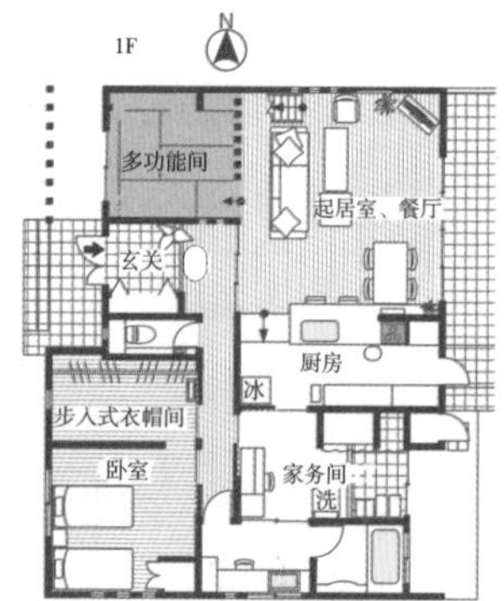

能充分使用的多功能间

多功能间可用作茶室、客房、卧室等，用途多样。在设计多功能间时需要注意的是，不要把它当作不常用的房间。

不要将多功能间建造成封闭的个人房间，要在某处留出与其他空间开放性相连的部分。例如，与起居室相连，可以随意躺卧、放松；与玄关相连，便能欣赏四季不同的景色。此外，开放性空间通风条件优良，室内不易被湿气侵蚀。

建造小小的多功能间作为起居室一角

多功能间建造在起居室一角，约7.2m²。入口不是推拉门，而是百褶帘。地板高于起居室，聚会时，这里便能当作长椅。

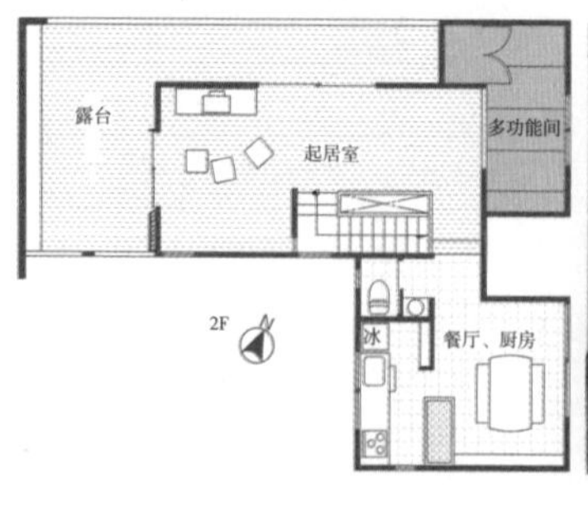

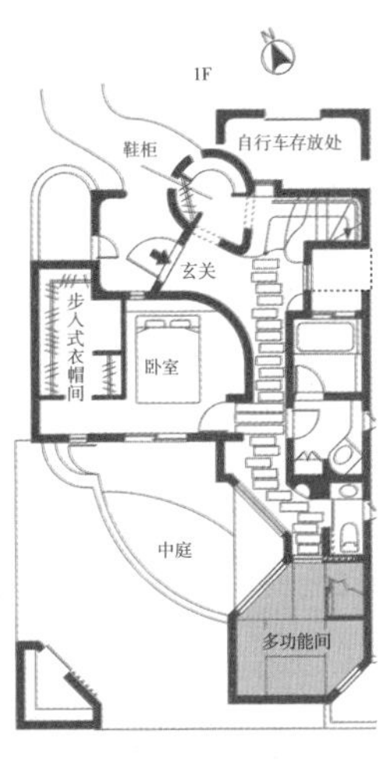

穿过小巷一般的走廊便来到恬静的多功能间

过道上铺有木板，就像庭院里的踏脚石一样，前方是多功能间，犹如来到了温泉旅馆一样，让人心情十分惬意。多功能间一角的铺木板部分正对着中庭，可以用作檐廊。

让客人自在地住宿

父母、亲戚经常来家里住的话，就会希望有一间客房。客房尽量远离公共空间，这样客人就不会感到拘束，能居住得自在一些。附近再设置上卫生间、简易的盥洗台就更加方便。此时，多功能间便起到了作用。

多功能间对家人来说也是一个相当好的“非日常空间”。虽然热闹的起居室、餐厅也不错，但偶尔也想一个人静静地品茶饮酒……那时，如果家中有一个房间能以旅行的心情居住，便能享受到一段珍贵时光。

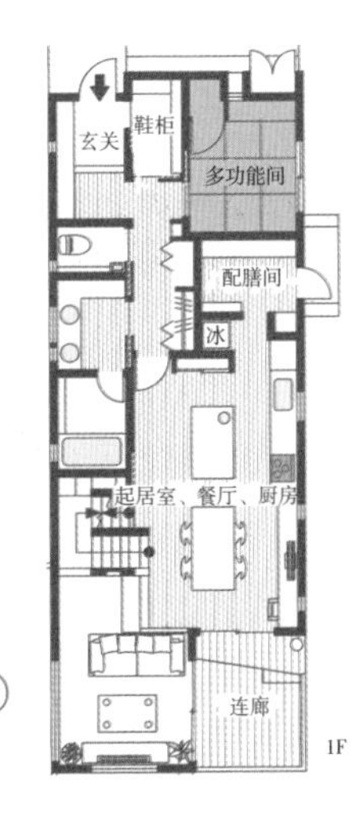

充满着现代化气息的多功能间是另一个放松空间

多功能间铺有墨色的无框软席，设计十分现代化。吊橱下方设有照明灯具，营造出放松感。因位置离起居室、餐厅、厨房稍远，在此借宿的客人也能自在居住。

墙壁上的现代化壁龛

把一部分墙壁浅浅地内凹进去，随性地装饰着花、器皿，打造成十分现代化的壁龛。墙壁上涂有加入了秸秆的硅藻土，朴素天然的素材与现代化设计相互融合，更加衬托出装饰小物的魅力。中庭里的绿植也为房间增添了季节感。

根据面积、用途考虑装修

多功能间可以是“客人借住的房间”“孩子午睡的地方”“叠换洗衣服的地方”，等等。在设计多功能间的时候，推荐安装吊橱，在使空间看起来更宽敞的同时，也不会产生压迫感。如果面积有富余，可建造出壁龛，即使只是装饰上一朵插花，也是一处美丽的风景。另外，不要用墙壁把房间四周都围起来，把一部分建成格栅，能有效消除闭塞感。

利用设计技巧巧妙地使用有限的面积

小小的多功能间与起居室、餐厅、厨房位于同一楼层，约5m^{2}大小。用吊橱作为收纳空间，所以不会感到狭窄。吊橱下方平时活用为壁龛，客人来借宿时，可以把行李放在此处。

专栏 9

如何挑选触感舒适的材料

在挑选建筑材料时，不要只是看一下目录或者图片，要让商家拿来样品，放到实际使用场所感受一下。要用皮肤去接触，根据触感是否舒适，挑选合适的材料。推荐使用实木、灰浆、石头等天然材料，它们比树脂、塑料等新兴建筑材料更早地被应用于住宅中，并深受人们喜爱。

从室内到室外，从坚硬的材料过渡到柔软的材料，会给人放松的感觉。例如，玄关过道上铺设坚硬的天然石，门厅则铺设稍柔软的赤陶砖，室内则是更加柔软的复合地板。

长女房间（上左）铺的是红衫木板，长子房间（上中）铺的是复古松木地板，次女房间（上右）铺的是松木地板。根据孩子们各自的性格特点来选择儿童房的地板材料。起居室铺的是实心松木地板，墙壁抹上了硅藻土，令人感到温馨舒适。

具有亲和力的玄关

玄关的内外布局大大地左右着生活便利性。下面从玄关的配置到门厅的装修、收纳规划等方面介绍如何打造理想的家门口。

玄关面朝街道，一打开门便能轻松拜访

没有高高的围墙，从街道能一眼看到玄关，开阔感十足，客人、邻居能轻松地跟家人打招呼。来往的行人站在街道上便能看见大门口，有异常情况容易被发觉，所以也提升了防盗性。

玄关门是决定外观印象的重要因素。你是否觉得住宅正面像人脸一样带有表情呢？就像儿童绘画中会经常把窗户、门画得和人脸一样，思考在何处安装什么样的门，享受设计的乐趣吧！

房子四周没有高高的围栏，只是随性地栽种绿植。格栅的设计和棕色的色调相得益彰，营造出雅致的外观。

与门前道路之间的高度差确保了适当的距离感

从街道要上几层台阶才能进入玄关。虽然大门前的开放式过道正对着街道，但多亏这段落差才与街道之间保有了适当的距离。台阶旁边的地皮又深挖了一些，建造成了车库。

穿过欧洲小径一般的过道，到达玄关

从街道穿过门扇，一边欣赏左右两边郁郁葱葱的花草，一边走到玄关。铺有天然石的小径并不笔直，而是缓缓地弯曲着。玄关门是实木门，热情地迎接着人们的到来。

长长的过道将客人自然地引入家中

长长的过道从街道一直延伸到玄关，两边种植着新鲜的花草树木，会使外人期待“里面的住宅该有多么漂亮”。从外面到住宅的距离越长越具有丰富的故事性，客人也能以悠然自在的心情拜访。

规划这种过道的要点是尽量使过道迂回延长。站在玄关前一眼望不见整体，部分建筑物或隐或现，使过道更富戏剧性、神秘性。围墙、栅栏等户外的设计、使用的素材和建筑物一致的话，外观会更具一体感。另外，在植物的选择和种植方面也要下功夫。

留有镘刀涂抹痕迹的砂浆墙、无釉西班牙瓦、铁门等，精心挑选出的素材给人留下了朴素天然的印象。

明亮开阔，能看见中庭的玄关门厅

打开玄关大门，正对面是齐腰高的收纳柜，越过楼梯能看见大大的窗户和中庭。楼梯是没有踢板的骨架楼梯，不会挡住光线，使玄关门厅更宽敞、明亮。

打开玄关大门时不会一眼望见楼层整体布局

玄关门厅没有安装隔断门，可节省面积与成本。不过，这时需要注意玄关大门的朝向问题。如果玄关大门正对着起居室，那么访客一眼便能望见生活空间，使人感到不自在。

在这种情况下，把门的朝向旋转90°，使客人从玄关左右任意一侧登上门厅，那么站在玄关时视线就难以进入室内。可在门的正面墙壁上建造壁龛或装饰架，吸引访客注意力；还可设置玻璃墙，并建造出天井，小小的玄关会变得开阔、明亮。

使玄关到天井具有连续性的设计

玄关大门对面是固定窗，里面是种有绿植的小天井，可以舒缓访客心情。墙壁是硅藻土，玄关地面上铺有赤陶砖，充满着温馨感。

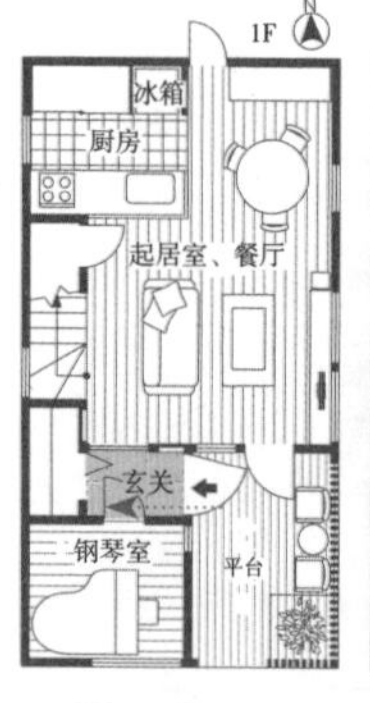

不能直接看见起居室、餐厅的门的设计

过道左右两边种满了绿植，穿过过道、平台才能走到玄关，虽然是从玄关直接进入起居室、餐厅，但即使打开玄关大门也不会一眼望到室内，正面能看见鞋柜柜门。

在小小的玄关巧设值得一看的景致

玄关就像人脸一样影响着整个家给别人的印象，也是家人每次出入必定经过的空间，所以一定要使其具有宽敞、舒适的感觉。

如果不能分割出宽敞的面积，小一点也没关系，只需在某一处创造出“美丽一景”，便能一下子增强人的好感。可试着摆放喜欢的小物件，如印章、钥匙等，也可装饰上鲜花、摆件。如果无法摆放家具，那么在儿童椅上插一朵花当作装饰也很不错。

复古家具使空间更优雅

玄关墙壁内凹，随性地放置着复古橱柜。地面铺有大理石，墙壁上设有玻璃砖，阳光透过玻璃窗洒入，十分美丽。

充分利用玄关空间

玄关门厅里铺有瓷砖，衬托出了中庭的美丽。还可以轻松地摆放喜欢的自行车，玄关得到充分利用。

从大门能穿行到走廊的设计

从大门和走廊都能来到鞋柜面前。家人从这里进出的同时，还能收纳外套、箱包等，也能放置客人的行李。

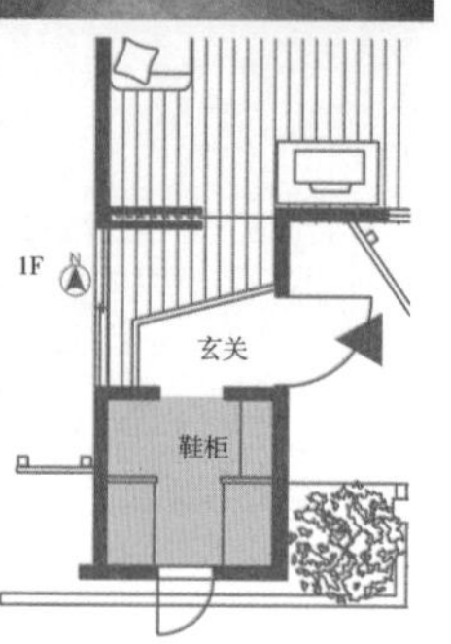

建造大的收纳空间，将玄关收拾得整整齐齐

玄关只是收纳鞋的话，一般的鞋柜便能容纳。但实际上，人们往往会在玄关摆放很多东西，如长靴、雨伞、外套、婴儿车、高尔夫用品等。如果没有收纳这些东西的地方，那么玄关将会变得杂乱不堪，所以一定要增大玄关收纳空间。如果需要节约成本，那么收纳空间的内部装修就没必要弄得特别漂亮，安装上移动式搁架即可，但一定要有通风窗口。

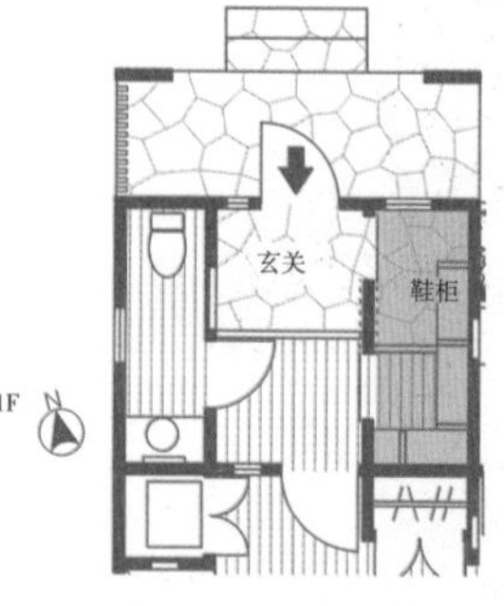

能用作杂物间的玄关

除了一个能自由地改变搁板高度的鞋柜，这个空间还能收纳雨伞、体育用品等大体积物品。地面是连接着大门的三合土地面，即便沾有泥垢也能毫无拘束地进出。

大门和起居室、餐厅相连

该住宅省去了玄关门厅，把大门和起居室直接相连。地板使用同一材料，空间自然而然地具有了连续性，中间设有拉门。玄关很宽敞，能把自行车摆放在三合土地面上。

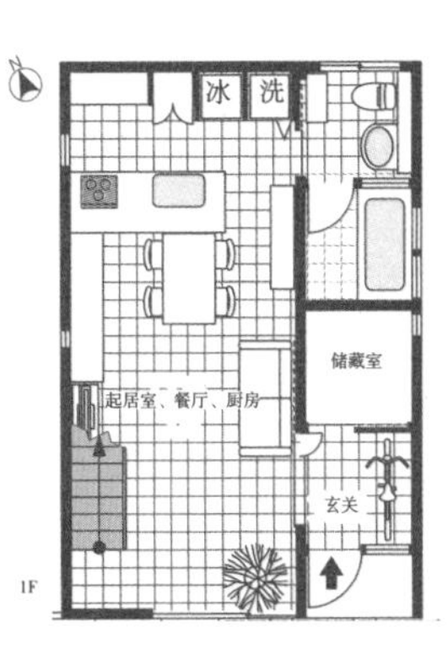

狭小的住宅可以省去玄关门厅

狭小的住宅可以省去玄关门厅，从水泥地面直接进入室内。这样做除了省去不必要的面积，还使室内和玄关形成一体空间，感觉很宽敞。可以在玄关和室内之间安装推拉门，以便在打开冷暖气时保温。

省去无用空间，规划功能紧凑的玄关

从大门能直接进入右手边的起居室。在开空调时只需关闭推拉门即可。推拉门很轻，容易开合，门上设窗，即便关上门也会有柔和的光透进来。

能专注做事的工作区

最近越来越多的住宅都会规划出家人共用的工作区。工作的同时感受着家人们的存在，可谓理想空间。

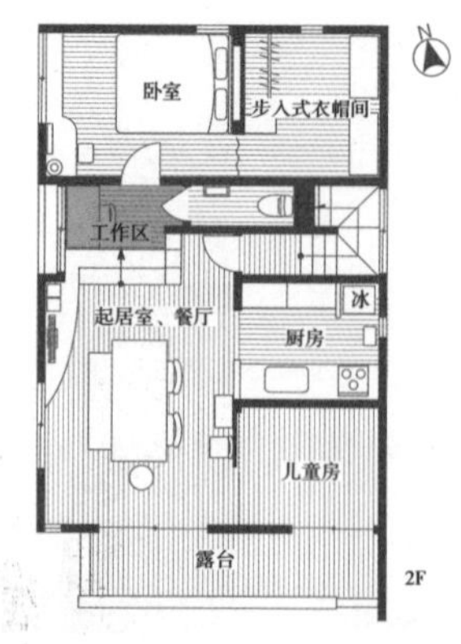

利用跃层设计，适当地与起居室、餐厅分隔开来

在起居室、餐厅与卧室之间设有跃层，自然地划分出公共空间和个人区域。工作区正好位于两者之间。虽然位于公共空间的一角，但因为有高度差，所以保有了一定的独立感。

在“幽闭”和“相连”之间保持平衡

比起独立的书房，开放性的工作区更受人欢迎。从起居室、客厅仅能看见一部分工作区，或者利用挑空设计使工作区与其相接，在与家人保有适当距离的同时，又能感受一种闲适的寂静感。与把电脑桌安装在起居室、餐厅一角的设计相比，这样的布局更能让人静心工作。

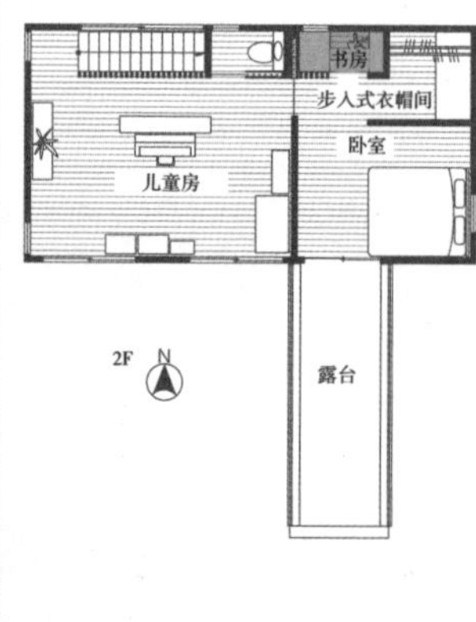

用格栅模糊地分隔，创造出或隐或现的空间

功能紧凑的工作区位于卧室一角，和室内之间立有格栅，恰好遮挡了视线，营造出了恬静的空间。里面放有电脑桌和书架，十分便利。

工作区靠近厨房，使用频率会提高

在建造工作区时要注意的问题有很多。比如，布局在何处？面积留多大？如何装修？最近许多住宅都将工作区与厨房、餐厅相连，这样的设计能够提高工作区的使用频率，全家人都可以轻松使用。

位于餐厅一角的长桌，用着十分便利

电脑角并没有布局在起居室，而是位于餐厅、厨房的一角。安有"L"形长桌和吊橱，功能多样。使用电脑的同时还能和家人交流。

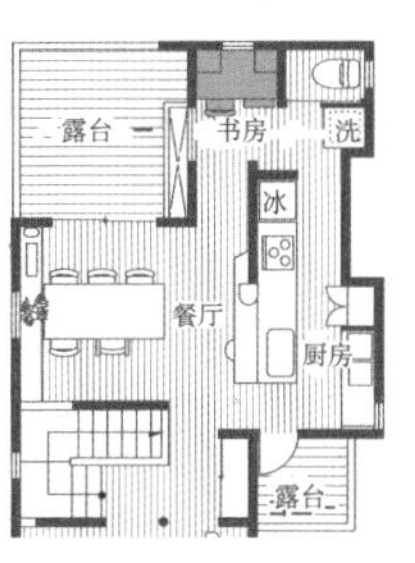

把书房布局在厨房里面

穿过对面式厨房和餐厅，便是书房。根据小窗位置设计出墙壁书架，兼具光线和收纳力度。正因为空间小，产生的恬静氛围也更具魅力。

令生活更加丰富的附加单间

如果面积、预算有富余的话，一定要加入这样的空间！下面收集了附加空间的创意。大家可以参考一下这些采用了以下创意家庭的丰富多彩的生活状态。

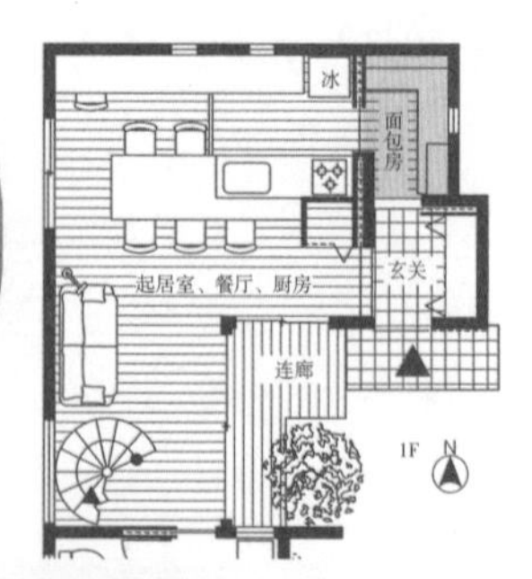

能专心研究爱好的空间

如果你有裁剪西装、手工制作等爱好，又为此建造出一个工作室的话，生活会一下子丰富起来。最便利的一点就是材料、工具能随意地摆放在旁边不用收拾。如果在起居室、餐厅等生活空间享受手工的乐趣，那么每次吃饭时还得收拾干净。如果能将做到一半的作品原样摆放着，那么手工会变得更加快乐。

工作室尽量与公共空间相连，做手头上工作的同时能感受到家人的存在，这样最为理想。如果使用的工具不危险，可以设计出兼具儿童玩耍功能的空间。

在家中便能制作面包的空间

主人非常喜烘焙，于是在自己家中建造了独立的面包房。可以从厨房进出面包房，制作面包的同时也能轻松地做家务。

可爱的手工儿童服装诞生的地方

这是制作儿童服装的工作室，女主人喜欢亲手做孩子的衣服或一些小物件。工作室与起居室相连，所以待在里面也不会感到孤独。充分利用了墙面空间进行收纳。

能近距离接触自然恩惠的室内空间

该住宅的餐厅与日光浴室相连，可以在此品茶、吃午餐。单单从厨房向这里眺望一下便会感到满足。右侧门外连接着屋顶露台。

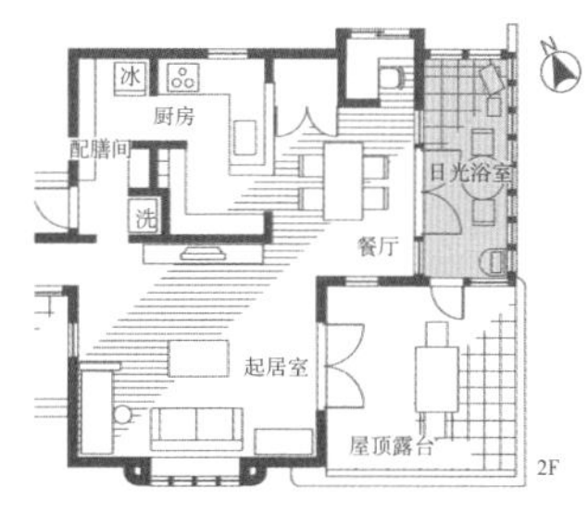

随着季节更替变换装饰，为生活增添亮点

日光浴室的地面上铺有大理石砖，给人以高雅、成熟的气息。摆放着心仪的复古装饰，冬季还可以放上圣诞树，是能充分享受装饰乐趣的宽敞空间。

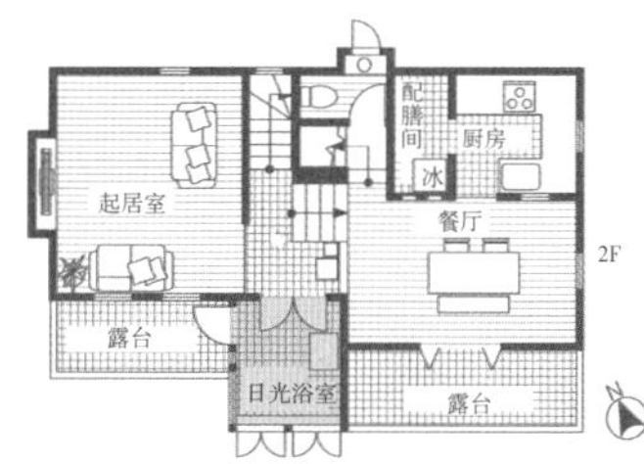

惬意的日光浴室

作为多功能空间，日光浴室被越来越多的人纳入住宅规划中。

玻璃屋顶加上瓷砖地面，不会被雨淋，就像室内露台一样，待在室内便能体验到户外的新鲜开阔感。把日光浴室布局在起居室、餐厅一角，随着季节更替变换装饰，仅仅眺望一下也会感到惬意。最重要的一点是不要把附加单间仅仅当作备用空间，而是要积极地活用。

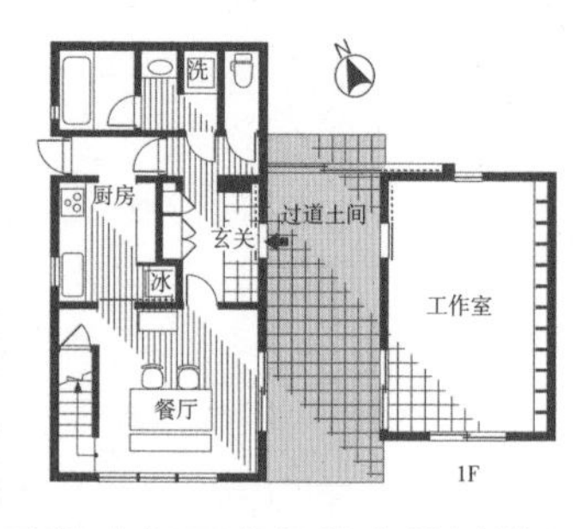

建造出起居室般的室外过道

在居住空间和工作室之间建造出铺有瓷砖的室外过道。室外过道带有屋顶，所以不用在意天气，在这里可以和爱犬玩耍、修理自行车、收拾花草盆栽。里面是郁郁葱葱的庭院。

铺有三合土地面的附加单间

如果住宅面积有富余，不妨规划出铺有三合土地面的附加单间。可以用来做手工、饲养宠物、修理自行车、晒衣服、存放大件行李；下雨天，孩子可以足不出户在这里玩耍。地面使用三合土，不用担心弄脏，用途十分广泛。

是建成带屋顶的室外空间，还是建成可以穿鞋进入的室内空间，要根据使用的目的来确定。如果面积不宽裕，只需要将玄关的三合土地面增大一点便能扩展用途。将来希望增加房间时，可以把三合土单间铺上地板，变成居住空间。

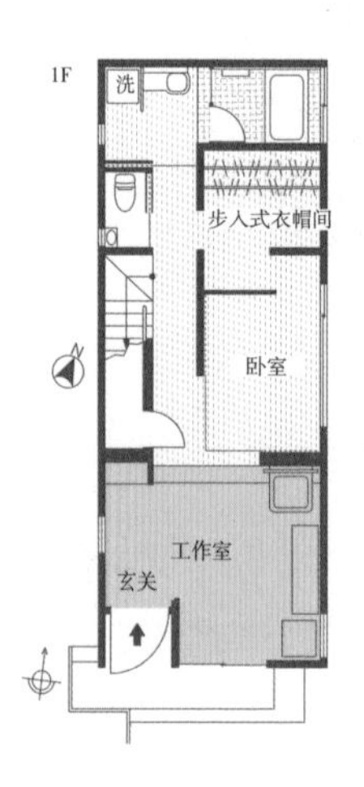

积极地利用附加单间玩陶艺、做手工

兼做玄关门厅的工作室约 $12.8m^2$。该房主就算减少其他房间面积也要建造出这片空间。全家人能一起做手工、玩陶艺。

活用高度建出阁楼，扩展生活空间

如果平面难以规划出附加单间，可以从立体的角度抓取空间，设计出阁楼。取出一部分高高的天花板建造成阁楼，一下子便能感受到丰富的立体感。特别是对于孩子来说，从高处向下俯视时的乐趣非比寻常。而且，布局在起居室、餐厅上方的阁楼既与下面的楼层保持着空间上的连续性，又具有独立感，魅力十足。

阁楼容易积攒热气，需要安装顶棚风扇、换气扇、通风窗。不要忘记屋顶要充分隔热。安装天窗的话，尽量避开日光强烈的南侧或西侧。

布局在起居室、餐厅上方的阁楼是全家人的图书室

建造在起居室、餐厅上方的阁楼，其高度触手可及。墙壁上安有书架，摆放着全家人的书。房主打算将来把这里建成孩子的学习区。

以斜坡屋顶为亮点的儿童房

利用挑空把阁楼上的儿童房与二楼的工作室、一楼的起居室都连接起来。玩耍区和铺有软席的学习区之间夹有楼梯，手工制作的书架和黑板等也十分可爱。

专栏 10

将家居梦想变为现实——男主人篇

房主，特别是大多数男主人都会期望拥有专为爱车设计的室内车库，还会期望拥有能一个人静静地待着的书房，等等。

对喜欢随时眺望爱车的人来说，可以用透明玻璃建造出室内车库；对喜欢摆弄车的人来说，可以在车库内建造出拥有收纳工具的棚架，无论怎样，尽量以满足房主需求的形式来规划设计。梦想因人而异，只有自己的需求实现了，才能住得舒心。不要因为面积狭窄、预算不足而一开始就放弃，要首先向设计者表达想法，这才是建造出舒适住宅的重要一步。

这是房主梦寐以求的书房。平时是与走廊相连的开放式空间，被用作家人的电脑角。当房主工作时就把门关起来，便能与外界分隔。上图是房门关闭时的状态。

为了满足喜欢音乐的房主的要求，打造出了DJ室。器材、唱片排成一排。朋友来玩时，便会一块儿待在这里。

能看见爱车的"小房间"。位于卧室和浴室的中间，洗完澡后能一边喝酒一边在这里打发时间。

该室内车库充分确保了作业空间。

该装饰一角位于二楼大厅。房主很喜欢棒球，人气选手的签名球、球棒等藏品满满地摆放了一堆。

应房主"希望在家中也能看见爱车"的需求，建造出了用玻璃围起来的室内车库。一进入玄关便能看见车子。在爱车族的朋友中很受欢迎。

确保家务空间的采光和通风，每天愉快地生活

O先生选择在夫人老家附近建造住宅，主题是“家务场所要明亮、舒适”。想一边眺望着庭院里的景致，一边烹饪；想在与连廊相连的餐厅里吃饭；想在连着露台的洗衣间里洗衣等，明确好使用目的再将其反映到设计规划中。

把餐厅布局在整个家的中心满足了以上需求。“把条件最好的地方作为放松、招待客人的场所”。餐厅的周围有起居室、玄关、工作区、楼梯。作为家的中心，餐厅确确实实地发挥了将家人、客人聚在一起的作用。厨房的洗涤槽前面安有窗户，能一边眺望着庭院里的景致，一边烹饪、收拾碗筷。与厨房开放性相连的餐厅里有一个两开的落地窗，敞开时，面前便是带有藤架的连廊，庭院里的柔和阳光和舒适的清风都能进入室内。

还有一个挺讲究的地方就是洗衣间。在二楼南侧规划出了一个专用空间，在感受着阳光、清风的同时，可以洗衣、熨衣，十分惬意。除了室内装饰、舒适度，还考虑到了生活便利性。

1F 餐厅

（上左）客用玄关、工作区、楼梯全部无隔断墙，都与餐厅相连。家人、客人都必定经过此处。

（上右）一打开落地窗，外面便是连廊。晴朗的日子里可以在外面用餐、品茶。

1F 餐厅、厨房

阳光透过落地窗门和上方的高侧窗照亮了整个餐厅。提升了天花板高度，能看见横梁，使空间更具开阔感。

明亮、讲究材料质感的厨房，使用起来十分便捷

妈妈烤出来的松饼，营养最丰富啦！

1F 厨房

厨房中心是贴有瓷砖的岛式桌子，专为制作点心而设。

1F 厨房

水槽前面的外翻窗使房间变得更加明亮。感受着充足的阳光、和煦的微风，能边做家务边照看在庭院里玩耍的孩子们。

1F 配膳间

（上左）将收纳食品、烹饪工具等物品的配膳间设在从家用玄关到厨房的移动路线上，十分便利。

（上右）过道式配膳间无空间浪费，收纳能力超群。

1F 客用玄关

（右）除了家人平时进出的玄关，还设置了访客专用的玄关。无须摆放生活用品，能畅快地迎接客人。

（下）地面上铺有朴素的大理石砖，内部装修也十分讲究。

1F 工作区

工作区里放有电脑、缝纫机，和天花板之间仅用带有开口的墙壁模糊地分隔着。通风优良，也消除了闭塞感。

1F 起居室

起居室和餐厅之间没有隔断墙，相互连接，但又保有适当的独立感。明确划分出就餐处和放松处，使生活节奏有张有弛。

起居室与多功能间从北侧采光，增加了宁静感

1F 起居室

被墙壁包围的空间，营造出令人安心的氛围。

1F 卫生间

盥洗室旁边就是卫生间。不仅对家人，而且对住在多功能间的客人来说也极其方便。

1F 多功能间

为了能让父母来家轻松游玩、住宿，便准备了多功能间。家人也会在这里弹琴、整理装束。

2F 盥洗室

在卧室所在的二楼配置了盥洗室，缩短了生活移动路线。盥洗台的马赛克瓷砖和一楼的盥洗台颜色不同。

2F 洗衣间

洗衣间利用露台良好的采光性和通风性，能够舒畅地清洗衣服、晾晒、折叠……还设置了专用水槽，以便手洗大件衣物。

1F 家用玄关

家人每天进出的玄关因设置了玻璃门而十分明亮。鞋柜衣橱都是无柜门的开放式，促进通风的同时还便利、防潮。

1F 盥洗台

在家用玄关处设置了小小的盥洗台，以便回家后能立即洗手。贴有大理石马赛克的设计也十分清新雅致。

把盥洗室和卧室布局在同一楼层，打造便利的生活移动路线

2F 卧室

天花板很高，房间约9.6m²，十分宽敞、开阔。窗外是露台。

2F 卧室

卧室中，步入式衣帽间的入口旁边设有固定桌板和搁架，可活用成工作区。

2F 儿童房

目前儿童房是单间，不久就会从正中间将其分隔成两个房间。

2F 走廊与阁楼

上面能看见扶手，里面是阁楼。从前面的楼梯能上到阁楼。走廊里安有书架，能收纳全家人的书。因为有阁楼，走廊通风效果很好。

2F 卫生间

考虑到夜间使用，便在卧室、儿童房所在的二楼也设置了卫生间。

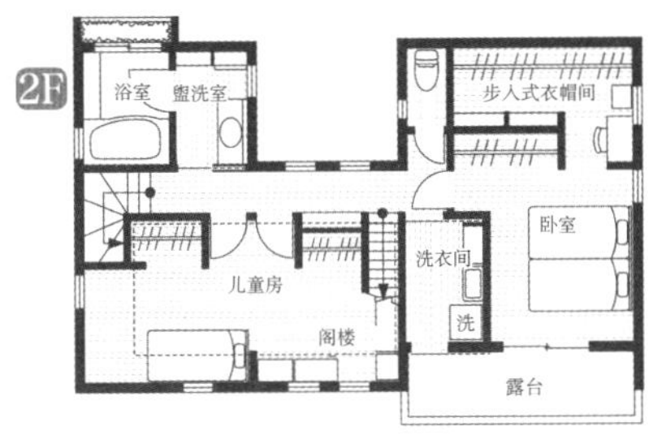

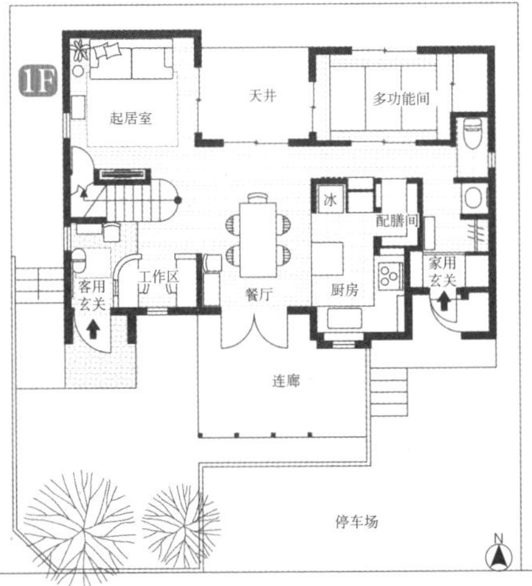

2F 浴室

墙壁上有一扇窗户，通风方面无可挑剔。

DATA

	地皮周围围有木质栅栏，看着十分温馨。
土地面积	179.82m^2
总建筑面积	124.24m^2
	1F 66.03m^2+2F 58.21m^2（阁楼除外）
结构、施工方法	木制两层（主体结构施工方法）

一整层全是起居室、餐厅、厨房，相连却又独立

I先生的要求是“并不纠结于个人空间，希望优先布局好起居室、餐厅、厨房。在孩子长大之前，亲子三人能一起愉快地待在起居室、餐厅，享受生活”。为了满足他的要求，把一体式单间起居室、餐厅、厨房布局在了向阳等条件优越的二楼。以楼梯为中心，使用洄游式布局厨房、餐厅、工作区、起居室。一个楼层划分为四个空间，使家人能够各按所好地在同一空间里生活。

包围着二楼楼层的是开阔的斜坡天花板，除了木头特有的温馨感，还能体味到它的厚重感。厨房上方设有横长的高侧窗，阳光沿着天花板照耀进室内的样子令人印象深刻。设计师说：“南侧的这一部分与旁边的建筑挨得很近，如果在与视线齐高的位置上开窗，那么房主一家可能会感到不自在。所以决定设置高侧窗，用它来采光。”在露台安装落地窗，或者设置能借景隔壁绿植的窗户，大大提升了室内的舒适度。

2F 起居室

（上左）南侧建造出了能沐浴大量阳光的大窗户。

（上右）尽最大限度在墙壁的一角建造出了窗户，阳光照耀在白色的墙壁上，使室内更加明亮。

（下）正对面是西侧，墙壁上没有一扇窗户，仅利用南北窗户采光和通风。沿着墙面配置了家具，使起居室也带有了必要的恬静氛围。

2F 餐厅、厨房、工作区

二楼是一个大单间，约$40m^2$。围绕着下楼梯口布局了四个功能各异的空间。没有隔断墙，所以无论待在何处，都能感受到家人的存在。

2F 餐厅

餐厅连接着小阳台。面朝小阳台建有落地窗，柔和的晨光从窗户洒入室内。吊灯是整个房间的亮点。

2F 厨房

（右上）下楼梯口部分。与厨房、工作区都相通。

（右中）厨房的表面材料是直木纹枹栎木材。不锈钢台面很宽，方便做家务。

（右下）贮存的食材都收纳在背面的操作台内。

整个楼层无隔断墙，家人能共享时光

2F 工作区

（上左）厨房上方的高侧窗能有效采光。

（下左）沿着墙壁设有长长的桌子。窗户设置成拐角形状，十分明亮，有开阔感。

（右）斜坡天花板覆盖着整体楼层，柳桉木材上涂有蜂蜡。在墙壁之间安有照明灯具。

1F 卧室

（左）通风窗下面是开放式衣橱。准备在不久之后安上卷帘。

（下）窗户通风效果很好。窗户外面有晾衣所用的连廊。

1F 卫生间

卫生间从盥洗室进出。细长的开放式搁板是卫生纸存放处。

1F 浴室

窗户与浴缸的高度一致，能沐浴到充足的阳光，也将光亮送到了无窗的盥洗室。

1F 盥洗室

设有圆润可爱的盥洗池。

一楼也有便利的洄游移动路线，即走廊—儿童房—卧室

1F 玄关门厅

把洗衣机布局在楼梯下方的空间。旁边摆放着收纳工具，使空间看着干净整齐。

充分考虑到了防盗问题，利用门上方的固定窗和墙壁上的狭缝窗户采光。

1F 玄关门厅

卧室、二楼的起居室、餐厅、厨房都充满了阳光，甚至连楼梯、玄关门厅都十分明亮，令人印象深刻。

DATA

正方形的外翻窗、玄关平平的房檐增强了外观上的印象。	项目	数据
	土地面积	115.42m²
	总建筑面积	78.35m² 1F 38.58m²+2F 39.77m²
	结构、施工方法	木制两层 （主体结构施工方法）

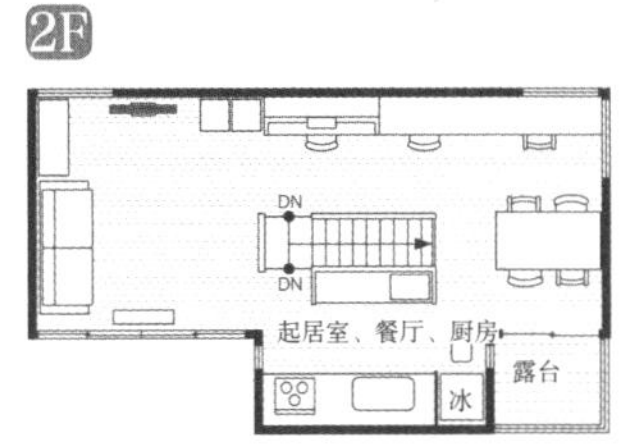

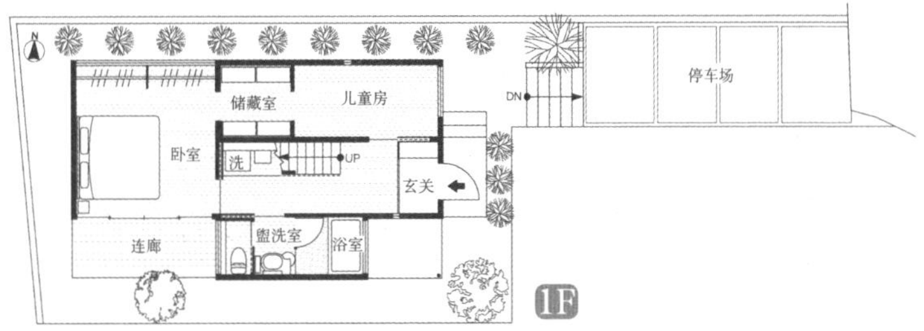

研究采光、通风方式，有助于构建舒适的都市住宅

2F 起居室、餐厅、厨房

（上左）二楼是无隔断墙的一体化空间。

（上右）布局在厨房一角的杂物间。能同时烹饪、收拾碗筷、洗衣。

（下左）厨房与小小的露台相连，可以把湿衣服晾晒在外面。这里也能放置垃圾箱等。

（下右）厨房铺有人造大理石的台面，十分宽敞。摆放上器皿之后还能留有多余空间，便于烹饪。

2F 起居室、餐厅

（右）大阳台位于外来视线难以进入的一侧，在南侧还有通往屋顶的露台，能充分采光。

（下）在与天花板相接的地方设有高侧窗。阳光沿着斜斜的天花板洒入室内，更加明亮。

2F 露台

在起居室的大阳台上种有橄榄树盆栽。房檐下铺有木板，看起来就像与室内的天花板连接在一起。

M先生在市中心宁静的住宅区建造了新居。都市地区的地皮条件大都细长。因此建筑物整体的规划是，挖得比道路稍深一些建造出地下楼层，把卧室布局在此处；而一楼是盥洗室和儿童房；二楼是空间一体化的起居室、餐厅、厨房，被宽敞的斜坡天花板所覆盖，打造出舒适空间。“希望把家人待得时间最长的公共空间建造得更加舒适一些”，于是把起居室、餐厅、厨房布局在条件最好的二楼。起居室、餐厅、厨房又各自拥有露台，屋顶上也有露台，面积虽小，但使户外空间分散在各处，提升了与户外的联系。通风良好也是这个住宅的特点之一。天气好的时候敞开窗户，同时享受阳光、清风带来的舒适。

杂物间布局在岛式厨房附近，移动路线十分紧凑。一边洄游移动，一边同时烹饪、洗衣，在做家务的同时感受明亮的起居室、餐厅带来的舒适感。

B1F 卧室

（左）楼梯的设计令人印象深刻。地下冬暖夏凉，最适合建成卧室。

（上）有两处窗户和玻璃门，十分明亮，一点也不像地下空间。窗户上安有开合式的百叶窗，所以即便开着窗户也能安心休息。

两面设有开口，即便位于地下也足够明亮，通风也良好

1F 盥洗室

和玄关一样选择了能打开的狭缝窗户，布局在外部视线难以进入的位置上。和卫生间之间用毛巾架分隔。

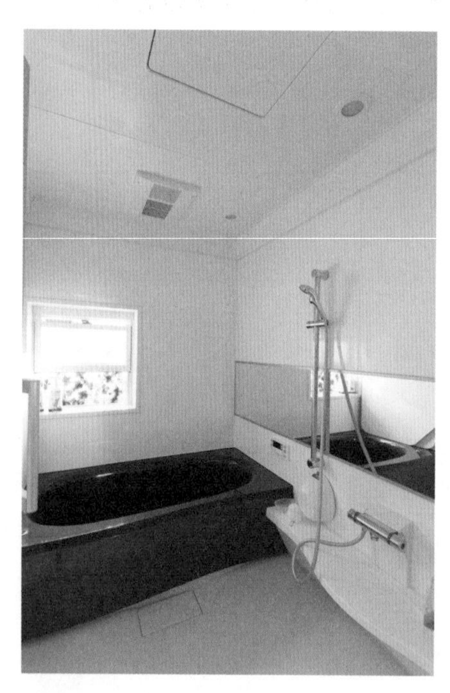

1F 浴室

选择了色调和设计都十分高雅的整体浴室。浴室、卫生间都有窗户，十分明亮，令人欣喜！

玄关门厅

阳光透过竖长的狭缝窗户洒入室内。窗户选择了可以开合的类型，以便通风，人难以进入，所以防盗方面令人放心。

露台

屋顶露台除了晾晒衣物，天气好时还可以在此处就餐。周围没有高建筑物，晴天的时候还能望见远山。

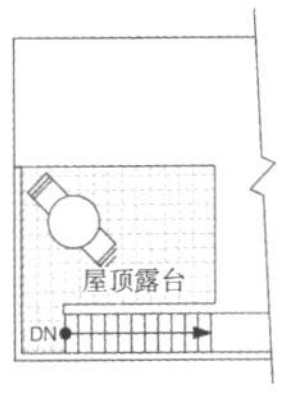

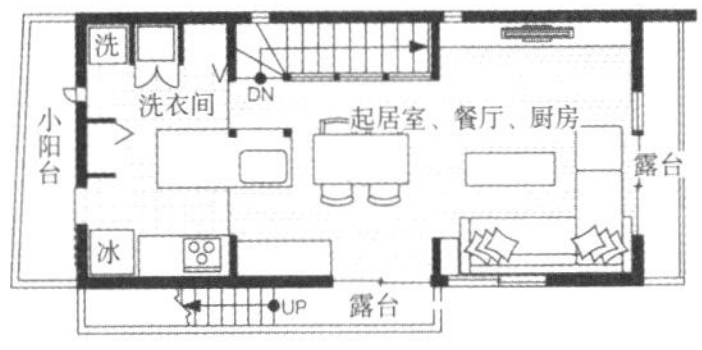

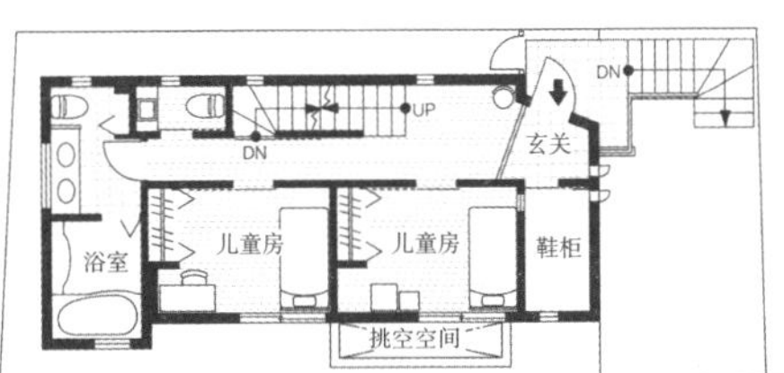

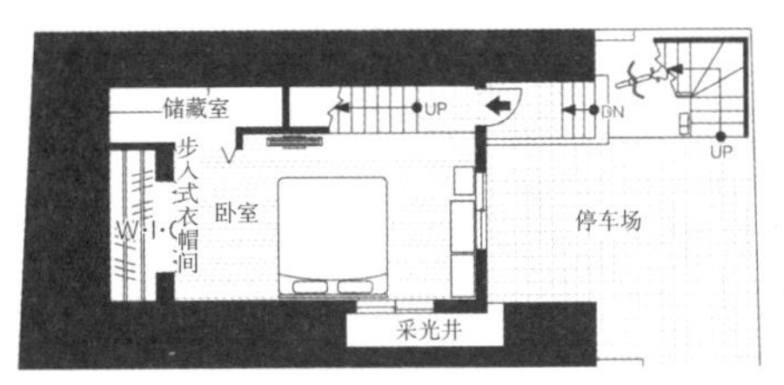

DATA

	单坡屋顶和木制百叶窗板令人印象深刻。
土地面积	89.18m²
总建筑面积	123.83m² B1F 40.93m²+1F 43.38m²+2F 39.52m²
结构、施工方法	地下RC结构（钢筋混凝土）+木制两层（主体结构施工方法）

一个漂亮的住宅即便材料、设计都十分讲究，
但如果缺少舒服、安全、完备的功能设备，
那绝算不上是舒适住宅。
相反地，如果设备功能过剩，
不仅成本超支，还很可能派不上用场……
因此，这一章将介绍住宅建造基础中的基础，
如隔热、隔音、耐震的技巧，
以及节能设备的采用方式等。
自己的住宅应该具备何种功能呢？
请认真研究并参考吧！

PART 3

好住宅必备的功能和设备

隔热性

节能是构建现代住宅的重要课题。为此，提高住宅的隔热性是必不可少的。

提高隔热性可帮助节能

家庭住宅的二氧化碳排放量在逐年增加，所以今后住宅的节能性必须比以往更好。想令住宅有更好的节能性，必须提高其隔热性、气密性，并减少缝隙。其中，提高隔热性扮演着重要的角色。

打造节能住宅的方式有两种，你需求的是哪种？

请与家人讨论，家庭需要的是以下哪种类型：

①彻底的高气密、高隔热化

可以数量化调节温度、湿度，不过窗户要紧闭，需有计划地换气，且大自然的清风无法进入。为了实现这一类型的舒适，推荐将房屋委托给住宅建筑公司、设计公司、工程公司等，他们擅长高气密、高隔热施工方法并且拥有专业技术。

②适度的高气密、高隔热化

适度地导入自然清风，创造舒适。夏天可以热一点，冬天可以冷一点，对①中的人工环境感到憋闷的人适合选择②类型。对高隔热化有抵触的人很少，但对高气密化有抵触的人却很多，所以要点是可以适度地提高隔热性，但不要过度地高气密化。在隔热、气密性之间要保持着平衡。

利用隔热材料包裹住整个住宅，使室内温度保持均衡

屋顶、外墙、地面都采用隔热材料，包裹整个住宅，尽量使整个家中的温度保持均衡，也能避免冬季在寒冷的走廊等地方因受凉引发疾病。最近有许多住宅都把起居室布局在二楼并建造成斜坡天花板，这种情况下应尽量把屋顶加厚，使用高效能的隔热材料。

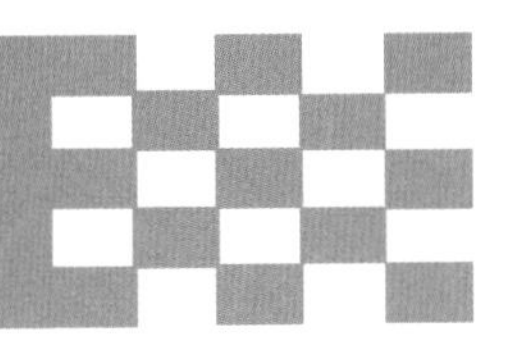

打造优良住宅要考虑的因素

性能项目	概 要
耐用性	住宅的主体结构能让好几代人持续使用。
抗震性	能够应对偶尔发生的地震。
维护、更新的便利性	内部装修、设备比主体结构耐用年数短，为了使它们的维护（清扫、检查、修补、更新）变得容易一些而采取必要的措施。
可变性※1	可根据居住者生活方式产生的变化来变更布局。
无障碍性※2	未来可以进行无障碍改建，确保在共用走廊里留有必要的空间。
节能性	确保必要的隔热性和节能性等。
居住环境	良好的景观以及在该地域居住环境的维持和提升。
住户面积	为了确保良好的居住水平拥有必要的规模。
维持保全计划	在建筑的时候就为将来做好准备，制订定期检查、修补等相关计划。

※1只限公共住宅以及长排房屋的标准。 ※2只限公共住宅的共用部分的标准。

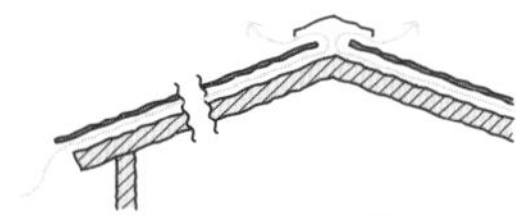

屋顶通气施工方法 在屋顶上设置隔热层，缓解太阳直射产生的影响。

绿色遮帘（夏） 日光强烈的夏天，使植物从阳台前端蔓延到房檐上，创造绿植遮帘，以适于遮阳。丝瓜、凉瓜、牵牛花等植物的叶子不仅能遮阳，通过叶子的蒸腾作用还能吸收热量、降低温度。

屋顶 天花板上铺有隔热材料，阁楼设有换气口以便排放积攒的热气。还可以在屋顶上设置隔热层。

开口部 热气进出最多的就是窗户、门等开口部分。除了利用多层玻璃、双层窗框或低辐射玻璃等提高隔热性能，窗帘、拉门等也能有效隔热。

加入了隔热材料的地方

换气口

与外部空气相通的阁楼

屋檐、挑檐

室内

室内

玄关

土间外周部

室内

土间地面

地板下面

换气口

外墙 大致能分为两种方法，一是在柱子与柱子之间的墙壁内填充玻璃棉等隔热材料；二是在墙壁外侧铺上护墙板状的隔热材料。为了防止墙内结露、缓解户外空气的影响，在隔热层外侧设有通气层，室内一侧设有防潮层（防潮薄膜）。

地板 地板下面设有换气口，把地板下的空间当作外部空间，在室内地板的正下方隔热。

开口部的太阳辐射遮蔽 除了提高玻璃的隔热性能，还有利用房檐、挑檐遮挡夏季日光的方法。如不能建造房檐，可以在窗户上方安装小挑檐。竹帘、遮帘也能有效遮挡侧射过来的夕照。

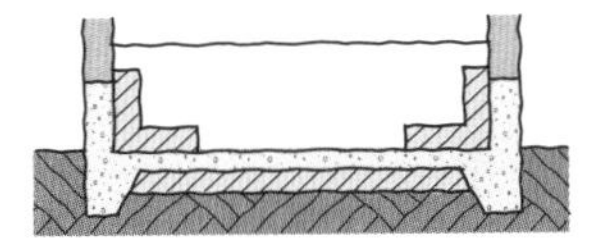

如上图所示，把地下空间当作室内时，可以考虑在外围进行隔热。

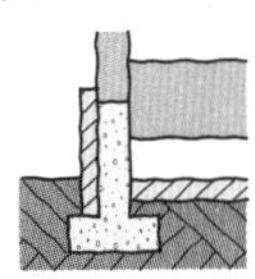

除了上左图，还有该类型的隔热方式。

内隔热与外隔热有什么不同？施工上要注意什么？

隔热施工方法大致可分为内隔热和外隔热两种。把隔热材料塞入墙壁属于内隔热。把隔热材料加在结构材料外侧，将建筑物整体包住是外隔热。

以往的内隔热施工大多不会在隔热材料外侧设置通气层，所以墙壁内部会积攒湿气，不耐潮的隔热材料变潮湿后，隔热效果大大降低。所以内隔热效果不如外隔热好，其实只要在内隔热施工过程中，把握以下几点，就能充分隔热。

内隔热墙壁内部积攒湿气的问题，可以通过在外墙材料和隔热材料之间设置通气层来解决，这是内隔热防潮的基本措施。此外，为了防止在室内烹饪后产生的湿气进入墙壁内部，可以在隔热材料内侧张贴气密薄膜，在通电开关金属板等湿气易入侵的部分张贴气密带，在墙壁和地板的接缝处加入气密材料。

提高隔热材料的性能及玻璃棉的应用

大多数隔热材料密度越高、材料越厚，隔热性能越高。一般常用的隔热材料是无机质纤维素的玻璃棉。使用这种材料，再如前所述在防潮上下些功夫，便能取得良好的隔热性。

给窗户安装能防止热气进出的多层玻璃、低辐射玻璃

窗口等开口部会有很多热气进出，所以在开放性设计中，在起居室等处设有大开口的话，推荐使用多层玻璃或低辐射玻璃。多层玻璃的间距在12mm左右时，隔热效果更佳。低辐射玻璃分为遮热型和隔热型，一般日光强的地区用遮热型，日光弱或天气寒冷的地区用隔热型。

外隔热施工方法

- 结构材料外侧加有隔热材料，包裹建筑物整体。
- 大多使用发泡系列的隔热材料。
- 该施工方法多见于高气密住宅。

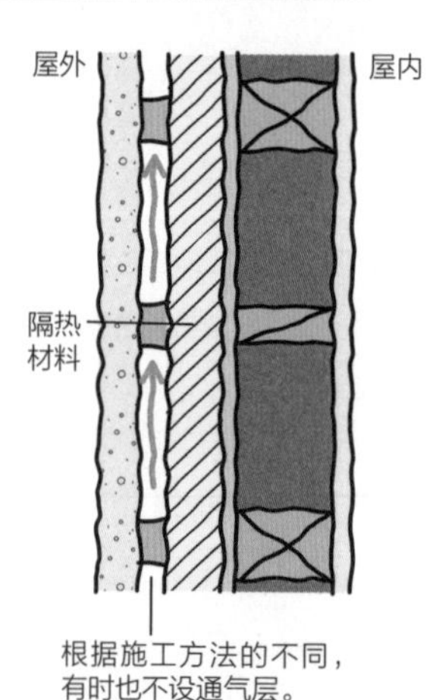

内隔热施工方法

- 把隔热材料装入柱子、间柱的缝隙里。
- 大多使用纤维系的隔热材料，如玻璃棉、木质纤维等。
- 为了不让湿气积攒在主体结构内需设有防潮层和通气层。

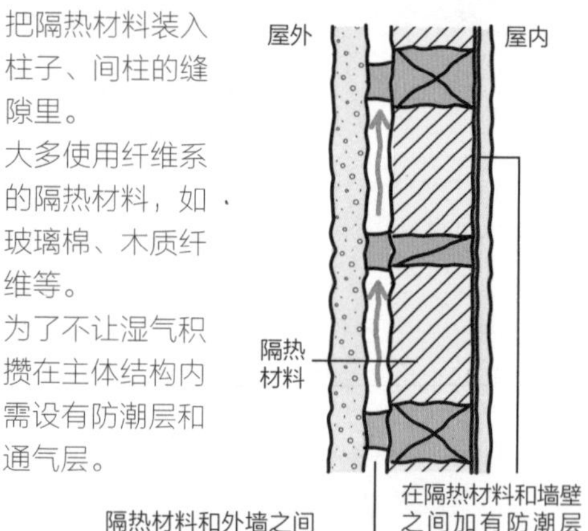

选择能够应对结露的窗框材料

窗户等热气通过的地方容易结露，选择能应对结露的窗户十分重要。多层玻璃虽然不会结露，但窗框会结露。这时可以选择框内加入隔热材料的窗框，或者在窗框中加入一层树脂。在寒冷地区，双层窗框能有效应对结露。

建造能遮挡日光的屋檐、挑檐

宽屋檐、小挑檐能有效遮挡来自南面的日光。把屋檐加宽至合适宽度不仅能阻挡夏季从高处射来的强光，还不会遮挡冬季从低处射来的暖阳，冬夏两季都能舒适地度过。

屋檐和挑檐能应对夏季从南侧射来的日光，但无法阻挡从东西两侧低处射来的日光。此时最有效的是安装竹帘、百叶窗等。遮热型低辐射玻璃也能有效遮挡夕照。

选择隔热型的玄关大门

玄关大门会进出许多热气，推荐选用隔热产品。如没有选用隔热产品，一定要在玄关门厅和起居室之间加入门，使室内和玄关之间有缓冲。在这种情况下，从起居室到浴室、卫生间的移动路线尽量不要采用经过寒冷玄关的设计。

专栏 打造低碳住宅，减少都市二氧化碳排放

低碳建筑物的认定基准

低碳住宅是指二氧化碳的排放量非常低的住宅，与绿色住宅、节能住宅相比，低碳住宅更强调“减排”，即降低二氧化碳的排放量。

一般来说，低碳住宅有以下的特性：

- 理想的隔热性，墙体、窗框选用隔热性能好的建筑材料。
- 较低的能源消耗量，尽可能使用可再生能源。
- 导入家庭能源管理系统，以及与可再生能源相关的蓄电池设备。
- 能够有效节约用水，如使用节水型的马桶、水龙头，能利用雨水、井水、杂排水。
- 主体结构低碳化，使用低碳建筑材料，并有减缓建筑物老化的措施。
- 能在一定程度上应对热岛效应，在屋顶、墙面实施绿化。

低碳住宅的特性

- 理想的隔热性
- 较低的能源消耗量
- 家庭中有能源管理系统
- 理想的节水对策
- 建筑主体结构使用低碳材料
- 一定程度的热岛对策

节能设备

建筑物内的设备、机器节能化，减少能量浪费。

将建筑物内的设备、机器节能化，打造更完善的低碳住宅

如前所述，建筑物的隔热性在打造低碳住宅中扮演着重要的角色。但是，无论建筑物的隔热性多么好，如果其中不使用节能型的设备、机器，就无法充分减少能源消耗。在建筑物中，“冷暖气”“换气设备”“热水器”“照明设备”等的节能性都是需要考虑的。此外，更多地利用太阳能也对节约能源很有帮助。

节能设备的方方面面

热水器

有许多高效烧水的节能类型

比以往消耗更少的热量便能把水烧开的热水器有各种类型，如以燃气为热源的“潜热回收型热水器”，以电力为热源的“热泵热水器”，以石油为热源的“液化石油气热水器”等。

照明

LED灯不仅种类丰富，价格也越来越便宜

LED电灯泡与普通的白炽灯相比能节约80%的电能，耐久性高15~50倍。缺点是刚上市时价格昂贵，但现在越来越便宜。越来越多的家庭把照明灯具都换成了LED灯。

专栏 “一次能源”与“二次能源”

“一次能源”是指化石燃料、原子能燃料、水力、太阳能等从大自然中获得的能源。对这些能源进行变换、加工，从而获得的电力、煤油、城市燃气等就是“二次能源”，住宅大多使用的是二次能源。

空调

利用热泵方式的变频器控制空调，大幅省电

热泵的机制是指制冷时将室内空气热量排到室外，制热时将室外空气中的热量吸入室内，能超高效地使用热量，并通过变频器控制空调，防止过冷过热。

换气

能把室温保持在一定温度的热交换产品，也能有效节能

为了不妨碍高气密、高隔热的效果，选择热交换类型的换气扇，风扇在转动时能把室温保持在一定温度，这也能有效节能。市面上也有销售换气扇和空调一体化的产品。想要更简便的话，可以在室内一侧安装带盖的换气扇。不使用时封闭盖子，热量不会跑掉。

卫生间

使用节水类型的卫生间

节约卫生间用水，同时也有必要也关注一下卫生间的省电化。

太阳能发电

彻底渗入住宅内部的绿色能源。下面介绍重新安装时的注意点。

太阳能发电是不会排出二氧化碳的绿色发电系统

太阳能是绿色能源，因为利用的是阳光，所以与火力发电不同，不会排出二氧化碳。近年来，太阳能渐渐被普通家庭所使用。以往，太阳能电池板不能蓄电，产生的电力仅能用于当次，但随着家用蓄电池的普及，人们可以储存太阳能发电产生的电力，在阴天、雨天无法发电时拿来使用（请参照163页）。

太阳能电池板的选择方法以及安装时的注意点

因制造商不同，太阳能电池板的材料、发电方式不同。不同种类的电池板的成本、发电效率也不同，购买时要多留意。

太阳能电池板的理想安装角度是面朝正南倾斜30° 。可向电池板制造商咨询根据地区、电池板面积等模拟的发电量。

安装太阳能电池板时，可直接用螺丝钉把它装配在屋顶材料上。但这种方法有可能造成漏雨，所以要采取一些措施，如使用专用架子固定等。

不过，有些住宅的屋顶是朝北的单坡屋顶，导致没有地方放置电池板，此类住宅购买时应慎重。

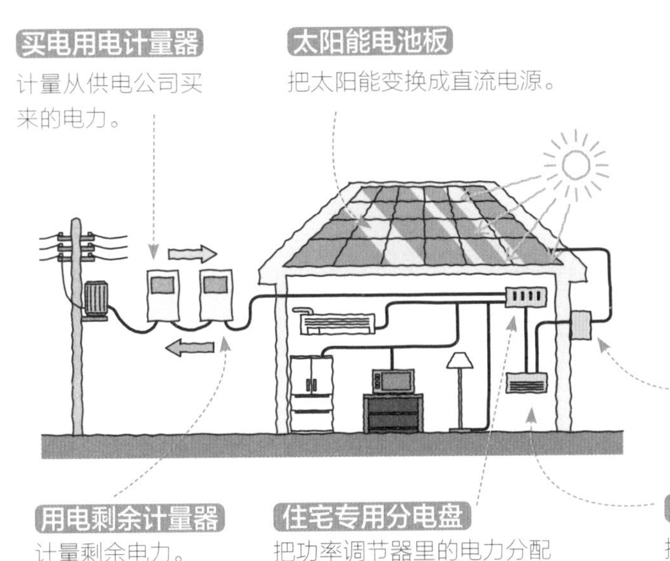

能通过室内的液晶显示屏实时确认发电量、买电量等数据，自然地提升了家人的环保意识。

连接箱
把从太阳能电池里的多条线路收拢在一处的箱子。

功率调节器
把太阳能电池产生的直流电变换成家庭住宅使用的交流电。

住宅不仅节能，还可以“产能”“蓄能”

今后的住宅将在“节能”的基础上利用太阳能发电生产出能量（产能），利用蓄电池积攒生产出的电力（蓄能），必要时拿来使用。以前家用蓄电池非常昂贵，但近年来价格有所降低，以后也会更便宜。

利用家用燃料电池发电

除了太阳能发电能使住宅“产能”，家用燃料电池可把燃气当作燃料用来发电。这种机制是使取自于燃气的氢与空气中的氧发生化学反应从而绿色发电，利用排热供给热水。特点是发电的同时能烧开热水，热开水也能用于地暖。

利用HEMS巧妙运用生产、积攒下来的能量

“HEMS”（Home Energy Management System）是家庭能源管理系统的简称。通过监控器画面使电力、燃气等使用量可视化，还可以自动控制家电、节约家庭耗能。例如，在发现儿童房的空调没关时，即使不在家也可以用智能手机关掉空调。

打造“零耗能住宅”

目前，国际上对“零耗能住宅”的定义不完全相同。总的来说，所谓“零耗能”，即通过最佳整体设计、利用环保型建筑材料、最大限度地使用可再生能源和家庭能源管理系统，使住宅自产通风、室温调节、照明等设施所需的能源。而在日本，只要太阳能发电的使用量超过市供电力和燃气使用量，即可被视为“零耗能住宅”。

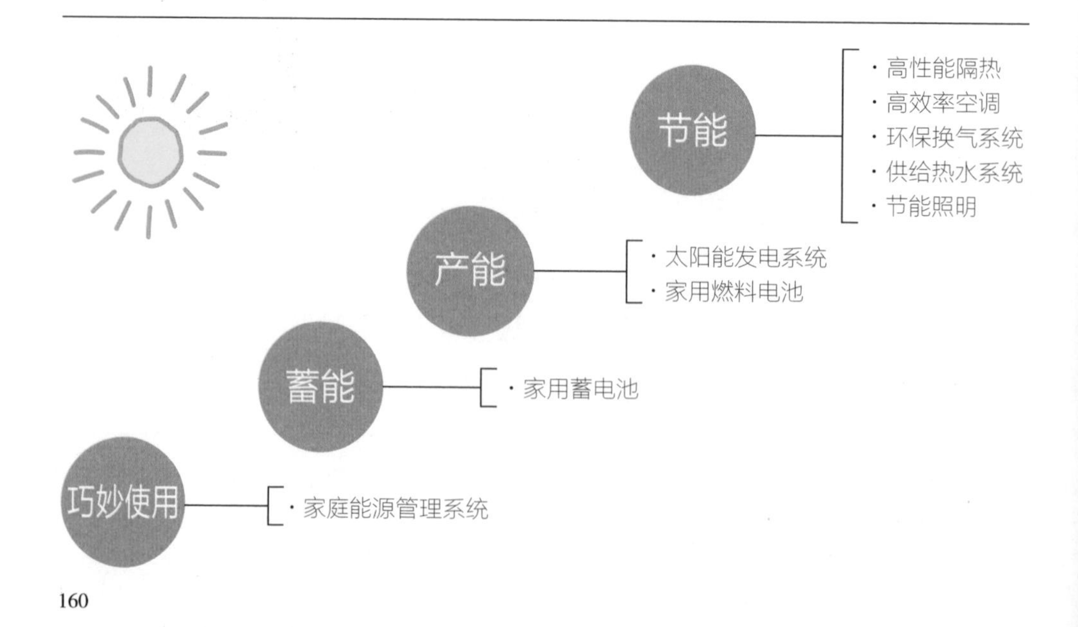

LED照明

低耗电、耐用的LED照明设备价格降低，亮度、颜色更富于变化。根据房间特点选择不同的类型。

太阳能发电

能将太阳能有效地利用为住宅电力，剩余的电力可以积攒在蓄电池内。

高隔热化

外墙、屋顶、地板都加入隔热材料，使家中的温度尽量保持均衡。窗户采用多层玻璃或低辐射玻璃防止热气进出。

用智能手机控制智能家电

与家庭能源管理系统相连的家电用智能手机或者平板电脑控制，在外也可以关掉忘关的家电。

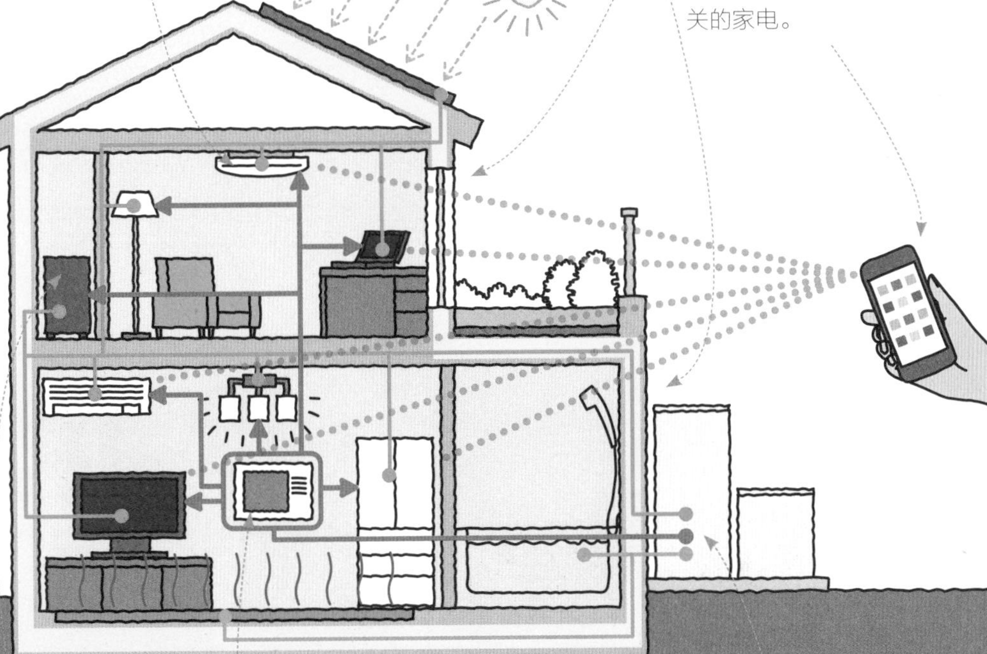

通过HEMS实现可视化并管理各机器

通过监控器显示屏确认电力、燃气等使用量，实现“可视化”，自动控制家电。

家用蓄电池

如果把太阳能发电剩余的电力储存起来，那么在雨天等无法发电的日子里或者停电的时候，也能使用自家生产出来的电力。

家用燃料电池

利用燃气发电，也能烧热水。以燃气、电力作为热源，提供给高效率热水器等设备。

环保住宅

虽然利用最新的设备节能十分重要，但也希望大家能够善于采用传统智慧。

打造环保住宅可利用传统的智慧

近年来，来自家庭的二氧化碳排放量逐渐增加，在利用最新节能技术的同时，也可以多采用传统的智慧打造环保住宅。

例如，为了应对暑热，建造出宽度合适的房檐、挑檐，遮挡从高处射来的日光；给西侧的窗户安装竹帘，遮挡强烈的夕照；善于利用室内的对流风降温，也可以多栽种绿植。夏季雨水多时，设置雨水桶，将雨水储存起来浇灌家中植物。如果是应对严寒，则在住宅中安装推拉门，阻挡冬季的冷空气。

合理布局并使用耐用的建筑材料，避免反复装修制造建筑垃圾

装修会产生大量难以处理的建筑垃圾，因此，打造短期内无须改建的家对环保非常重要。在家装设计时，应尽量使用容易更换布局的设计方案，避免频繁大拆大装；使用结实耐用的建筑材料，减少因反复拆卸而产生的废弃物。

外廊和前庭

外廊是夏季纳凉、冬季晒太阳的最佳场所。在前庭里种上落叶树，夏天通过叶子的蒸腾作用降温，从室内向外眺望时也会感到清新凉爽，冬季叶子会掉落，不会妨碍人们沐浴暖阳。

屋顶绿化

屋顶上堆着厚度约10cm的土壤，种上花草。屋顶上的植物和土壤可以遮挡太阳的照射，缓解二楼房间和阁楼的暑热。但会增加住宅承重负荷，要计算结构并认真考虑防水对策。

藤架

该住宅在南侧的平台上设有藤架，让冬季落叶的植物攀爬在藤架上，除了遮挡夏季的直射日光，叶子在蒸腾作用下还会有降温之效。

雨水桶

利用雨水桶把从檐槽里流下的雨水储存起来。储存的雨水能用于浇灌庭院里的花草树木。构造虽简单，但节水效果绝佳。

房檐、挑檐

建筑物南面的房檐不仅能遮挡夏季从高处射来的日光，而且不会妨碍房间沐浴冬季自低处射来的暖阳。有些住宅没有建造房檐，这种情况下可以在南侧的窗户上方设置小挑檐。

利用被动式太阳能装置

被动式太阳能装置是指在建筑物结构、配置、材料等方面下功夫，从而利用太阳能的装置。与利用太阳能电池板把阳光转化为能量的主动式太阳能装置不同，被动式太阳能装置更为简单，但性能不是很高，获得的热量类似于在外廊晒太阳时得到的热度。

利用被动式太阳能装置，冬季室温只能上升到17~18℃，在室内必须穿毛衣。在没有太阳的雨雪天，被动式太阳能装置就不起作用了。这个装置的价值观是“跟着自然走”，认为“不利用太阳的热量就太浪费了”。推荐认同这一价值观的人使用。

OM太阳能

被动式太阳能的构造各式各样，比较具有代表性的是“OM太阳能”，它也被称为“空气集热式太阳能装置”。

“OM太阳能”的基本机制是利用风扇把屋顶收集到的热气经通风道送至地板下面，在地板下面储热。把热量自地面的风口送入室内，使其循环。夏天虽然也能放跑热气，但并不能和空调一样使人感到凉意，所以，适合那些认为“夏天有一台电风扇就够了”的人使用。

如果希望使用这一装置，应尽量选择屋顶朝南的住宅，并安装金属材质的黑色屋顶便于收集热量。还可以在地板下设置隔热层，使整栋房屋保有一定的隔热性能。

太阳能热水器

不少人会在住宅房顶上放置太阳能热水器，利用太阳能加热洗澡水。随着环保意识的提高，这一做法越来越受到推崇。

被动式太阳能装置的方方面面

利用屋顶的玻璃集热面把加热的空气导入地板下面

OM太阳能

利用放置在屋顶上的“玻璃集热面”加热从檐端获得的新鲜的户外空气。通过“屋脊通风道”先把空气收集到屋顶内侧的“处理盒”中，然后利用小型风扇通过室内通风道把空气积攒到地板下面的“储热层”中。加热地板的同时从地板上的出风口放热，加热整个房间的空气。

省去屋顶玻璃集热面的方法

微风太阳能装置

机制和“OM太阳能”相同。屋顶的热量加热檐端吸取的户外空气，利用小型风扇将其送入地板下面，把积攒在地下储热层的空气从地板上的出风口送往室内，使其在室内循环。屋顶上不放置强化玻璃制成的集热面，利用铁板屋顶的热量加热空气，所以也能相应地降低成本。

在屋顶上放置存水槽将水加热

太阳能热水器

太阳能热水器利用太阳的热量将水加热，效率高且成本低。热水的温度因地区、设置方位而有所不同，夏天晴天能达到约70℃，冬天约40℃。

利用温度稳定的地热

地热利用装置

由于太阳全年不停地日夜交替，利用太阳储热、夜间冷气放热，地下的温度和该地区的平均气温几乎相同。也就是说，地下温度与户外空气不同，积攒的热量是夏季略凉、冬季略暖。地热利用装置能把这股热量用于冷暖气上，和缓地调整住宅整体温度。

抗震性

考虑可能发生地震，在新建房屋时就使房屋具备足够的抗震性吧！

选择安全的土地，务必进行地基调查

在提高建筑物抗震性之前最重要的是选择地基稳固结实的土地。可靠的辨别方法是地基调查，确认相关数据。

根据调查结果来修建稳定的地基，这十分重要。一般的地基种类有箱式基础和条形基础（请参照165页），近年来选择箱式基础的人越来越多，因为它能承受大面积、重的建筑物。

如果要加固地基，根据深度不同有“表层改良”“柱状改良”“支护桩”“抗滑桩”等方法（请参照165页）。

评估住宅的抗震性

在日本，住宅的抗震性分为三个等级。一级是必要的、最小限度的抗震标准。三级是最理想的，能够在强烈地震中保持不倒塌。设有挑空空间的住宅，难以达到三级标准。为了使住宅兼具抗震性与实用性，多数住宅的抗震性为二级。如果一栋住宅的抗震评级达到二级、三级，其价值会随之上升。在施工时，不能仅靠柱子、梁支撑住宅，要均衡地配置已经加入斜支柱、板材的承重墙。

在设计与施工中，重视提高抗震性

宽大的挑空空间虽然开阔，但容易使住宅的抗震性变弱。尤其是木制结构三层且带有室内车库的住宅，特别需要考虑抗震性，应适当地配置承重墙。虽然不知不觉地就会以设计的美观为优先，但应尽量使住宅外观接近正方形，内部充分加入墙壁。

请向设计师或施工者确认现场是否有人监督施工。特别是在构建主体结构阶段，房主应去查看。

专栏 防止建筑物自身摇晃的避震、减震方法

利用上述方法来提高强度就是我们常说的极其普遍的“抗震”，即使建筑物因地震摇晃也难以倒塌或损坏。另外，有的住宅建造商也会致力于不会向建筑物传递震感的“避震”或者能吸收震感的“减震”等工法。

“避震”“减震”的优点是不仅能防止建筑物倒塌、损坏，还能减少建筑物自身的晃动，所以也能防止室内家具倾倒、餐具摔碎等损害。

强化柱子、墙壁，即使住宅因地震摇晃也不会坍塌，是极为普遍的地震对策。

在建筑物内部的墙壁加入能吸收晃动的减震装置，可以抑制建筑物自身摇晃。

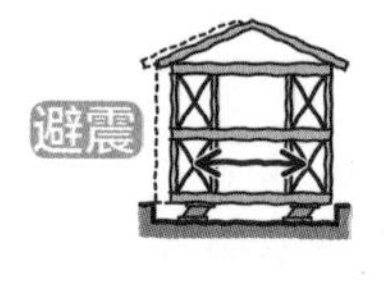

在建筑物与地基之间设置不能直接传递震感的避震装置，抑制建筑物自身摇晃。

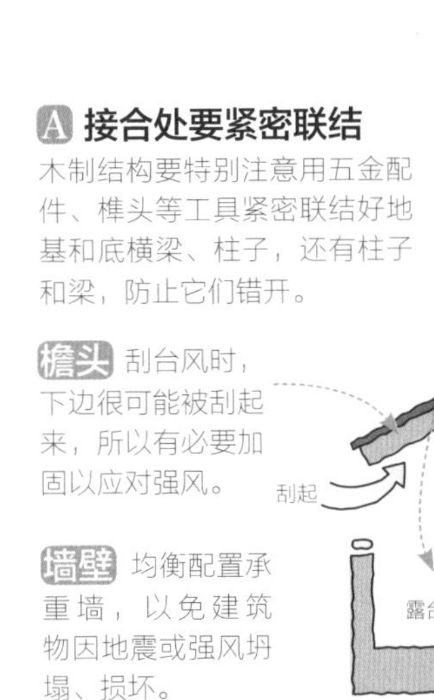

A 接合处要紧密联结

木制结构要特别注意用五金配件、榫头等工具紧密联结好地基和底横梁、柱子，还有柱子和梁，防止它们错开。

檐头 刮台风时，下边很可能被刮起来，所以有必要加固以应对强风。

墙壁 均衡配置承重墙，以免建筑物因地震或强风坍塌、损坏。

斜支撑 柱子与柱子间加入斜支撑材料，防止建筑物因水平方向的力而变形。

露台 空间较大时有必要在前端立上柱子加固。

屋顶 和地板一样是从水平方向加固建筑物。在天花板上设置水平斜撑，加固屋顶。

水平斜撑 加入水平斜撑材料，防止木制结构的地板构架、房顶骨架因地震、台风带来的水平方向的力而变形。

阁楼 地板面积宽阔的阁楼从结构上来说会给建筑物增加负担，有必要增加承重墙。

挑空空间的地板（楼上） 设置刚性地板，防止建筑物因地震、强风而产生方向的变形。在挑空空间、楼梯等薄弱环节，更应均衡地配置地板、水平斜撑。

地基 调查过地基后，要根据情况来加固地基。地基不良的话建筑物会下沉、倾斜，危害巨大。

基础 根据地基状况、建筑物形状选择合适的基础形状。混凝土强度、钢筋的粗细、间隔等方面要按照相关标准来施工。

门廊车库 门廊车库容易变成结构上的弱点。所以要设置柱子、墙壁等充分加固。

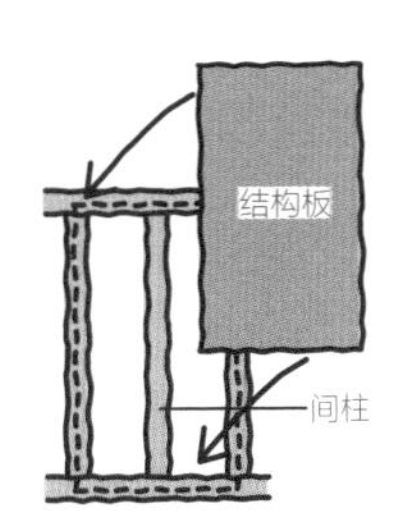

板材承重墙 结构板是承受结构重力的主要部分。

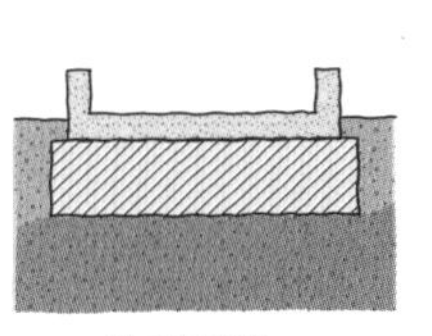

❶ 表层改良

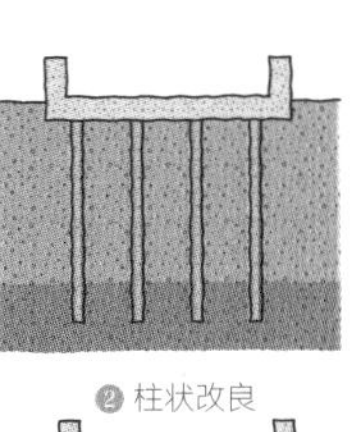

❷ 柱状改良

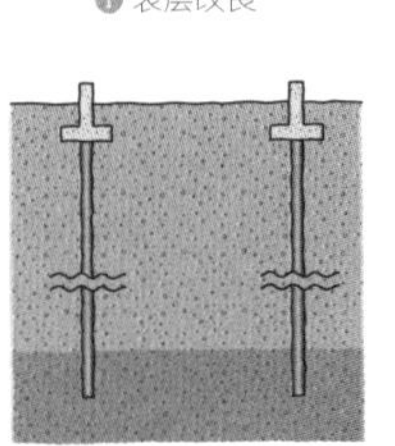

❸ 支护桩

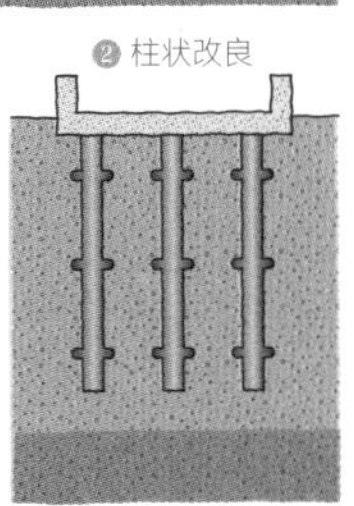

❹ 抗滑桩

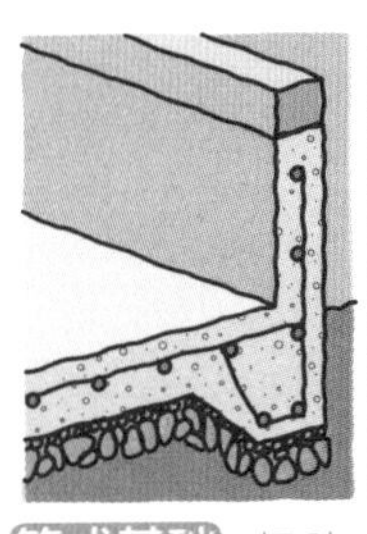

箱式基础 把建筑物占地范围的地皮掏空挖深，然后填上钢筋混凝土。

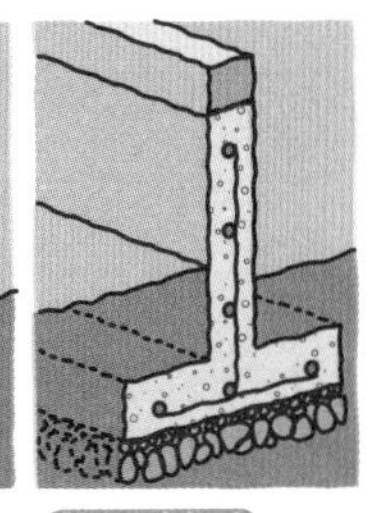

条形基础 一连排的钢筋混凝土截面呈倒“T”字形。

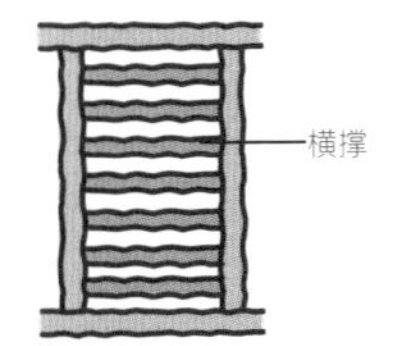

横撑 横撑是穿插在柱子之间的水平方向上的材料。韧性强，能防止建筑物坍塌。

❶ 表层改良：多见于修好的土地，如果地基只有表面软弱，可以往软弱的部分的土壤里混入水泥粉。

❷ 柱状改良：在地基中，是柱状加入混有水泥粉的土壤。

❸ 支护桩：打入支护桩，使其深入到硬地基。住宅建筑上多用钢管支护桩。

❹ 抗滑桩：硬地基位于更深层时，利用桩子外周的摩擦力支撑建筑物。

隔音

隔音性能是创造放松的室内环境必不可少的要素之一。提高隔热性能的同时，也能提升隔音性能。

隔热性、气密性高的住宅，隔音性能也好

通过合适的施工方法在必要的地方充分加入隔热材料，窗户也采用了多层玻璃，这样的高隔热性、高气密性住宅很难受到室外声音干扰，室内的声音也不易外漏。和单元楼不同，独院不需要那么在乎隔音，即便不刻意打造，也能在某种程度上有良好的隔音性能。

但是，如果是沿街的房屋或者位于机场附近的房屋，那么开口部会成为隔音弱点，建议在开口部使用比普通的多层玻璃窗气密性更高、难以传递振动的隔音窗。

不铺天花板，楼上的声音容易传到楼下

在利用天然材料建造出的住宅中有时不铺天花板，能直接看到二楼地板下的横梁，这种设计手法容易让楼上的声音传到楼下，所以该方法不适合介意住宅内部生活噪音的人。此外，增加天花板到楼上地板之间的距离也能使声音难以传递。

弱化卫生间的声音

为了不让人注意到卫生间里的声音，首先要在布局上下功夫，注意卫生间入口不要朝向起居室，也尽量避免把卫生间规划在起居室附近。

不得不近距离布局起居室和卫生间时，在起居室（还有紧邻卫生间的房间）和卫生间之间的墙壁中填充隔热材料以便隔音。塞入10cm厚的高密度玻璃棉隔音效果更佳。另外还有把墙底的石膏板弄成双层，使声音难以传递的方法。

要注意从水房供水管、换气扇漏出的声音

把厨房、浴室、卫生间布局在二楼时，尽量把供水管安装在远离一楼起居室、卧室等比较介意声音的地方。把供水管安装在住宅外面的话就不用介意它的声音，也便于维修保养。这种情况下需要把它安装在不显眼的地方。

如果需要直接在厨房、卫生间的墙壁上开孔安装墙壁式换气扇，就容易漏音，外部声音也会容易侵入室内。介意的话请把风扇安装在天花板上，利用通风道向外排气。

隔音室要使用密度高的特殊材料以及隔音窗户、门扇

钢琴室等隔音室基本上采用双层石膏板等材料逐渐加厚墙壁，同时加重墙壁以此提高隔音性能。也推荐利用有铅或者密度高的石膏板等隔音专用材料。最容易泄漏声音的地方是开口部，所以采用隔音窗户、隔音门十分重要。从规划上来说，尽量不要上下楼层都有卧室。如果把隔音室布局在地下，虽然成本较高，但隔音效果良好。

专栏 在家中能听见两种声音

声音分重量冲击音和轻量冲击音两种，对付它们有不同的隔音对策。使用混凝土、铅等重的材料可以降低孩子们在蹦跳时发出的“咚咚”“扑通”等重量冲击音。

另一方面，多孔质材料或者有缓冲性的材料可以降低椅子脚碰到复合地板时发出的“咔嗒咔嗒”声，或笔等硬物落到地面上时发出的“咔嚓”“嗡”等轻量冲击音。

	LH（重量冲击音）	LL（轻量冲击音）
声源	孩子咚咚地蹦跳的声音，人走路的声音。	像汤匙一样轻、硬的东西落在地上时的声音，椅子的移动声。
感受方式	“咣”“扑通”等比较低的声源，低音域发声。	“滴答”“嗡”等比较高的声源，中高音域发声。

换气扇、换气口 声音会从与外部相通的开口处侵入、漏出，所以不要直接在墙壁上开孔，把换气扇安装在天花板上，借助管道换气，有必要使用那些不用时能把盖子关闭的换气扇、换气口。

隔音室等 像钢琴室等声源大的房间的隔音对策有：
- 使用容易吸收声音的内部装修材料。
- 使声音不会从隔音门、隔音窗等开口部漏音。
- 在主体结构内填充玻璃棉等材料，充分隔音。

外部噪音
- 只要建筑物具备良好的基本性能，就能解决一般的外部噪音。
- 车辆、飞机等特殊噪音可以安装隔音窗，防止声音从换气扇、送气口侵入，此外有必要强化墙壁的隔音性。

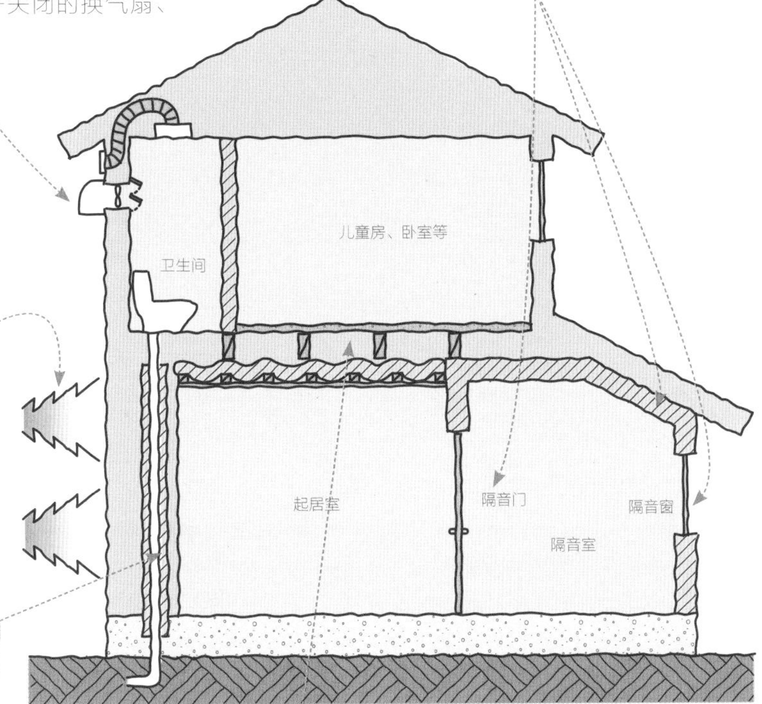

卫生间等生活杂音
- 不要把卫生间建在卧室、起居室上方。
- 给排水管的管轴填充玻璃棉。
- 紧挨着卫生间的房间的隔断墙里要填充玻璃棉。

上下楼的隔音对策（两代人同住的住宅或儿童房等）
- 楼上选用软木等柔软的地板材料。
- 在地板下面铺上隔音薄板或缓冲材料（橡胶、石膏板等）。
- 在天花板上面铺上玻璃棉等。
- 使支撑二楼地板的搁栅和一楼的天花板材料不会直接接触。

耐久性

想要住宅能够长期居住，必须提高其耐久性。同时，要在新建的时候就规划出维修方法。

耐久性好的住宅，也要重视其维修

近年来，人们越来越具有打造高耐久性住宅的意识，除了在建造过程中要选用品质优良的材料外，预先制定好维修方案也很重要。具体可以从以下三个方面入手。

①防止主体结构的劣化 施加防腐、防蛀处理，使结构体、屋顶内侧、地板下方通气；在小阁楼和地板下面设置检查口，以便检查配管；提高地板高度以便检查配管和通气。

②设备的维修对策 以往的住宅都会把配管埋入基础内部或基础下面，但现在为方便维修会把配管放在基础上方，便于检查、修理、更换供水管等。

③制作“住宅履历” 制作维修计划书或者实际维修历史记录，方便后代适当地进行维持管理；出售或者租借给别人时，这些资料也可做参考。

防止地板下面生潮便能有效防蛀

白蚁喜欢潮湿，所以地板下面要充分通气，放跑湿气。除了底横梁，从地面到1m以内的外墙主体结构必须进行防腐处理、喷洒防蚁剂，但如果使用的是箱式基础，再种上扁柏、罗汉柏等不易生白蚁的树种，那就没必要采取这些处理方法。

认真规划好通气、换气进行防霉

结露是产生霉菌的原因之一，如果充分隔热并且使主体结构内部充分通气，那么防止结露的同时也能防霉。而且换气和通风对于防止水房生霉也十分重要。

在收纳空间方面，门扇使用开有细小洞孔的有孔板材，或者在内侧铺上壁橱专用吸潮材料，都能有效应对收纳空间内部生霉。另外，应尽量避免把壁橱放在北面等与冷气接触的地方。

配管方法示例

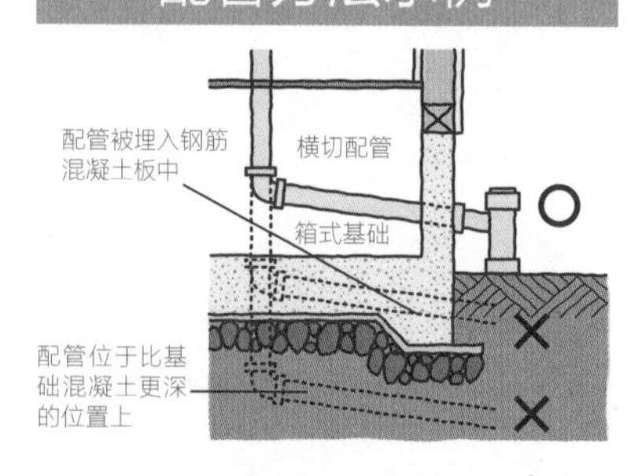

箱式基础的配管方法示例

配管有多种方法，上图中配管没有被埋入在基础下部或基础底板的混凝土中，而是在地面上方横切接入。

检查口设置方法示例

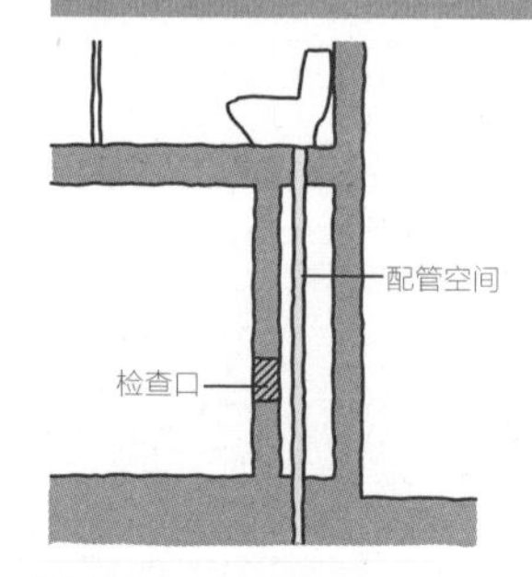

竖管专用检查口

把二楼卫生间等楼上的配管降低到一楼时，可以把它设置在一楼墙面上。

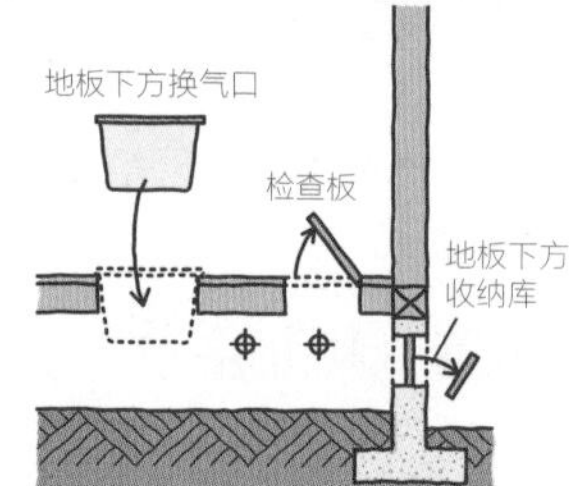

地板下方横切配管专用检查口

一楼水房检查口大多设置在盥洗室、厨房等地的地板下方。

对抗建材污染

室内建筑材料污染对人体危害极大，有致病的危险，务必要重视。

气密性高的住宅不能缺少“抗建材污染”对策

以前的建筑物使用的大多是木头、泥土等天然材料，现如今随着工业制品大量生产，各种化学建材也层出不穷。再加上住宅气密性的提高，从建材散发出的无法看见的化学物质（挥发性有机化合物）滞留在室内，与以往的多缝隙建筑物相比，更易使室内的空气环境恶化。化学物质会使身体产生不良反应，必须采取必要的措施应对。

甲醛是建筑材料中的主要污染物。在购买建筑材料时，要尽可能选择质量有保障的环保建筑材料，但这并不意味着我们购买的建材就是“零甲醛”的。即便购买的是最高等级的环保建材，也还是会散发少量的甲醛。所以建议室内每隔两小时要进行一次换气，养成换气通风的好习惯，可利用开窗后的对流风，也可利用换气扇。如果你购买的建筑材料环保品质一般，则更要重视室内通风换气。

多使用不含化学物质的天然材料

天然木头、石头、泥土等物质不含甲醛，多使用这些天然材料可以减少对化学物质致病的担心。木头、土壤等材料本身也有调整空气湿度、净化空气的效果。由此可见，自古以来就被人们大量使用的建材是有其自身优点的。

多使用不含化学物质的实木木材，墙壁涂上不含甲醛的硅藻土。这些材料能调整空气湿度，使室内环境更健康。

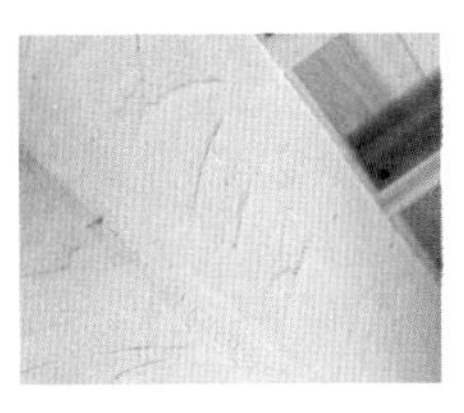

会散发甲醛的主要建材（部分）	不散发甲醛的材料（部分）
胶合板	实木木材
木质系列地板铺装板材	石头
结构板	泥土
层积材	灰浆
单板层积材	硅藻土
中密度纤维板	玻璃
刨花胶合板	混凝土
其他木质建材	铁
壁纸	
黏合剂	
隔热材料（玻璃棉、石棉）	
涂料	

防盗

防盗对策是指采取一定措施，保护家人、家庭财产不受侵犯。家人之间可以商量需要把防盗性能提高到哪种程度。

首先明确需要何种程度的防盗性能

现在有许多技术和产品能提高住宅防盗性能，但首先应该和设计师交换意见，和家人讨论需要何种程度的防盗性能。家庭成员对于防盗的见解有可能不尽相同，有时虽然男主人不太在意，但如果不提高防盗性能，女主人和孩子们会觉得害怕。而对于那些夫妻是双职工，老年人或者孩子有可能独自在家的家庭，则必须提高防盗性能才能安心居住。

在规划时，均衡考虑不同的家庭形态和生活方式，采用必要的防盗产品。任何防盗产品都是有利有弊的，要结合家庭需求选购。例如，使用自动锁虽然方便，但如果晚归的家人忘记带钥匙，则要麻烦早已入睡的家人起来开门。使用指纹认证门锁虽然不需要钥匙，但冬季干燥时门的感应度会下降，常常要反复多次才能开门。

防盗对策要具体情况具体处理

防盗对策要灵活、因地制宜，为了家人能安心居住，请探讨出家人一致同意的防盗对策。下页列举了一般的防盗对策。例如，为防止外人侵入，围墙的高度既不能太高，也不能太低。围墙太高容易形成死角，他人入侵到家中也不易察觉；围墙过低则容易让他人看见住宅内部情况、暴露隐私，也容易被他人入侵。又如，防盗感应灯虽然很灵敏，但一些居住在人口密集区的人却并不喜欢，因为即便是一只猫通过，感应灯也会有反应。

开口部的推荐防盗对策是上双锁

大多数不法之徒是从玄关和窗户等开口部侵入室内。防盗方面要牢记一个原则，那就是开口部上双锁。玄关要安装防盗门，防盗门的门锁大都能强效应对撬门，再加上双锁的话会更令人安心。窗户也一样，尽量选择带有月牙锁的产品，在窗框上方或下方再添加辅助锁。如果是经常留老年人或孩子在家的家庭，推荐安装彩屏内线电话，便于认清客人。

建筑物防盗构件示例

窗户	门
防盗玻璃：内部紧贴着中间膜（特殊薄膜），与普通的玻璃相比不易被破坏。	防盗旋销：能承受电钻、撬锁等不正当解锁方式。
防止窗户脱落：窗户不能抬起来卸下。	锁头：构造复杂，不容易被撬开，能承受电钻攻击，十分牢固。
辅助锁：上两处锁，轻易打不开。	门的强度：使用白铁剪剪不开的材质，构造十分牢固。

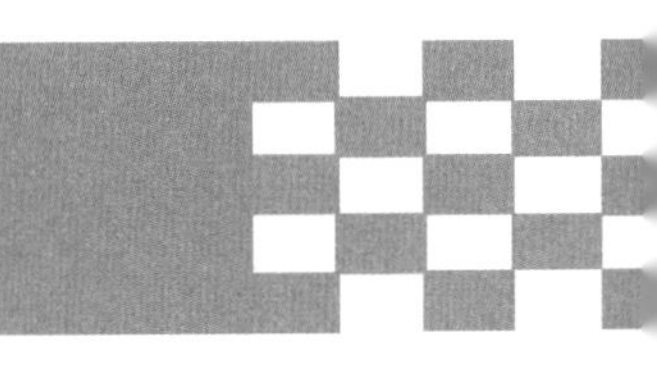

露台

· 选择格栅状的栅栏等能通视内外的构造。

· 不能顺着水落管、扶手等翻入露台上。

妨碍视野的窗户

· 设置格子板等。

门

· 难以从外部侵入室内的构造。

· 加锁。

落地窗

· 从街道上就能看见落地窗。

· 使用防盗玻璃。

· 添加月牙锁和辅助锁。

· 设置百叶窗和防雨板。

围墙、栅栏、篱笆

· 可视性良好。

· 要注意抑制高度，以免他人通过这些构造爬到楼上。

玄关、后门

· 从街道就能看清玄关门。

· 门要选择不易被破坏的材质。

· 门锁能有效应对撬门、钻门等不正当开锁方式。

· 一个门要有两个锁。

· 即便采光玻璃破损，手也伸不进去。

· 添加门链和无法拆卸的猫眼。

· 设置带有防盗摄像机或者电视监控器的可视电话。

庭院、外围

· 铺上沙砾，人走在上面会发出声音。

· 经常修剪植物，以免妨碍视野。

· 不要在窗户旁边放置有可能成为踏脚台的东西。

通用化设计

思考如何打造出所有人都能安心居住、舒适居住的住宅。

在新建的时候就为将来做准备

30~50岁的人在建造住宅时也要为将来做准备，便于应对不同情况的改造。住宅必须具备无障碍设计，方便老年人和孩子居住或做客。下面总结了不同地方的设计要点。

玄关

开口宽度要大于85cm，便于轮椅进出。推荐使用推拉门。可提升地板高度，一方面是为了应对地板下方湿气以及便于在地板下方维修，另一方面将来也能设置斜坡，可在必要的地方加入安装扶手专用的基材。

走廊

确保较大的宽度，也要提前加入安装扶手专用的基材。

楼梯

建议建造得缓一些，必须安装扶手。

房间入口

尽量在上方设置悬挂式的拉门，地板在同一高度，避免绊倒，也便于轮椅的移动。

浴室、卫生间

宽度上要有富余，便于轮椅进入，也便于改造。另外，加入基材以便将来添加扶手。卫生间与走廊不要直角相对，开口要大，尽量平行设置。把浴室、卫生间设计成一体化单间形式能使空间有富余。

预留设置电梯的地方

许多家庭都会把起居室设置在二楼，所以要提前留出将来设置电梯的地方。可以让上下楼层的壁橱位置保持一致，或者利用挑空空间。2m左右的壁橱就能安装电梯，相对于能否坐着轮椅乘坐或者能否与护理人一起乘坐等各种情形，需要的电梯空间大小也不同，最好事先讨论好将来要准备哪种类型的电梯。还可考虑加固地板基材，便于给楼梯安装座椅式斜行电梯。

留意室内温度及居家安全

隔热性高的住宅其室内的温度差一般不大，但冬季北侧的房间温度还是会低于其他房间。需要考虑无须经过北侧寒冷的走廊便能进入浴室、卫生间的移动路线，避免受凉致病。

厨房的炉灶如果是电磁炉或者天然气，推荐使用附带安全装置、手柄大而且开关火标识明显的产品。另外，推拉门、折叠门有拧到手指的危险，如果家里面有小孩子，要使用边角圆润的门。楼梯、挑空空间的扶手一定要安全，避免孩子坠落，金属丝扶手尤其需要注意。

容易被忽视的照明、插座

随着年龄增长，视力会变弱，感觉四周变暗，所以推荐选择可以调节亮度的照明灯具。被灯具电线绊倒的事故也有很多，所以尽量多设置一些插座。插座板的中心要高出地板35cm左右，便于拔出、插入。

炉灶

选择旋钮式手柄调整火力，能感觉到火力大小，使用方便。

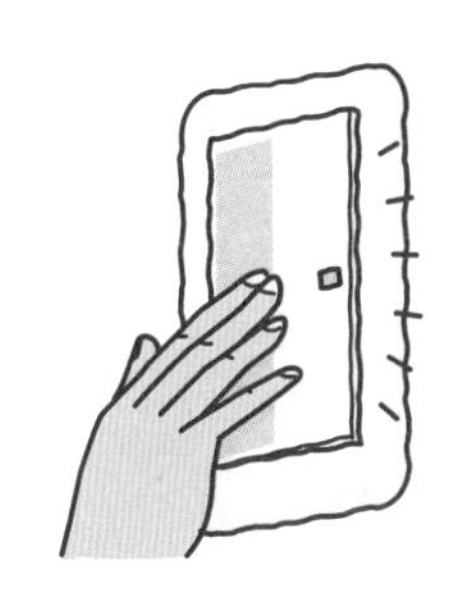

开关板

选择大号、能轻松按压的开关板，老年人、儿童都能轻松操作。

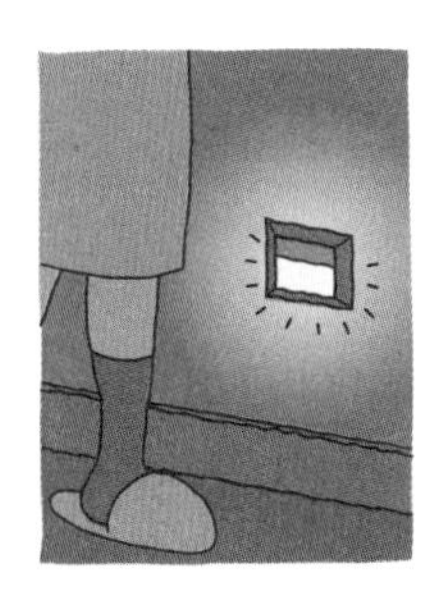

脚灯

随着年龄增长视力会变弱，请在楼梯、走廊设置脚灯。对于有小孩子的家庭来说，也是有效的安全对策。

大门前的通道
・能够从街道到达门廊的斜坡、扶手。

玄关
・设置扶手、椅凳。
・空间要留有富余，便于将来设置斜坡。

厨房
・带有安全装置的炉灶。

门廊
・带有房檐，不易被雨淋湿。
・从停车场到玄关门之间无地面垂直落差。

出入口
・尽量设置成推拉门。
・无垂直落差。

走廊
・足以通过轮椅的宽度（80cm以上）。

起居室、餐厅
・选择能够调节亮度的照明器具（随着年龄变大视力会变弱，四周会感觉变暗。反过来，如果患有白内障，即便是普通的亮度也会感觉刺眼）。

水房（卫生间、盥洗室、浴室）
・温度适中。
・消除垂直落差，设置扶手。
・防滑地板。
・布局要便于将来乘坐轮椅使用。

卧室
・在附近设置卫生间。
・床的两边设置照明开关。

收纳
・一楼和二楼的收纳位置尽量重合，确保留出空间，以便将来设置家庭内部电梯。

楼梯
・梯度、扶手都比较平缓。
・尽量不要设计成一条直线式的形状。
・设置脚灯。